近代オランダの
確率論と統計学

吉田 忠

八朔社

初出一覧

第 1 章 「17世紀後半オランダにおける人口統計と確率論の交錯」（長屋政勝・金子治平・上藤一郎編著『統計と統計理論の社会的形成』北海道大学図書刊行会，1999年）

第 2 章 「C. ホイヘンス『運まかせゲームの計算』について」（経済統計学会『統計学』第88号，2005年）

第 3 章 「17世紀後半のオランダにおけるフランス確率論の展開」（『京都橘大学研究紀要』第32号，2006年）

第 4 章 「17世紀オランダにおける終身年金現在価額の評価問題」（『追手門経済論集』第41巻第 1 号，2006年）

第 5 章 「18世紀前半のオランダにおける確率論と統計利用の展開」（経済統計学会『統計学』第94号，2008年）

第 6 章 「18世紀オランダの人口統計」（経済統計学会『統計学』第96号，2009年）

第 7 章 「19世紀オランダにおける政治算術と確率論の統合」（経済統計学会『統計学』第98号，2010年）

第 8 章 「シモン・フィセリングの統計学」（経済統計学会『統計学』第103号，2012年。なお本章「補遺」は，本書刊行に際して執筆し付加した）

付　論　「スピノザ『チャンスの計算』について」（『北海学園大学経済論集』第36巻第 3 号，1989年。なお初出時の原題は「スピノザ『偶然の計算』について」である）

はじめに

　本書の目的は，近代以降，確率論と統計学が科学として形成され，体系化されてきた過程で，オランダとその研究者が果たしてきた特異な，しかし重要な役割を明らかにする事である。

　確率論と統計学の形成と発展に関しては，一般に次のようなシェーマで語られる場合が多い。即ち，15，16世紀の北イタリアで現れた各国国状の国別記述書の刊行やサイコロゲームの掛金配分計算を母胎にして，17世紀中葉，コンリングのドイツ国状学とパスカル＝フェルマーのフランス確率論が形成され，さらに同時期に，グラント，ペティのイギリス政治算術が現れる。それぞれは18，19世紀にかけて独自の発展を遂げたが，19世紀半ばにベルギーのケトレーによって社会物理学として統合された。そして19世紀の終り頃，イギリスの記述統計学やドイツ社会統計学がこの社会物理学の克服を通して形成され，それらが現代数理統計学をはじめとする統計学諸学派に発展していく。一方確率論は，数理統計学の基礎理論として発展し，やがて純粋数学の一分野として独立する。少々乱暴にまとめると，このようになるであろう。

＊

　本書で取り上げ展開しようとしているテーマは，まず，このシェーマの中で，フランス確率論，イギリス政治算術，ドイツ国状学の三者がそれぞれ仏，英，独の三国で独自な発展を遂げた後にケトレーがそれらを統合した，とされる部分への批判である。そして，この三者の理論的発展，特に確率論と政治算術の融合やその新たな利用形態に関する発展において，オランダとその研究者が果たした役割を具体的に示すことである。

　実は，フランス確率論とイギリス政治算術は，その成立とほぼ同時に，オランダの生んだ世界的な自然科学者C.ホイヘンスを通してオランダに伝えられた。その後両者の融合が，特に一時払い終身年金の現在価額評価問題に関して急速に進むのである。その背景には，16世紀以降通商国家として発展したオランダの歴史的な社会条件があった。この社会条件は18世紀以降大きく変化する

が，政治算術と確率論の融合的発展に関するオランダ独自の役割と貢献は変わらなかった。

　私はこのテーマを，可能な限り原典にあたりつつ実証的に解明しようとした。しかし，それが十分になされたかどうかについてはいささか心もとない。識者のご批判・ご教示を仰ぎたい。

　　　2013年10月17日

　　　　　　　　　　　　　　　　　　　　　　　　　　　　　吉　田　　忠

目　次

はじめに

第1章　17世紀後半オランダにおける人口統計と確率論の交錯 …… 1
　　　　　——C.ホイヘンスの「チャンスの価格」と
　　　　　　デ・ウィットの「終身年金の現在価額」について——

　Ⅰ　はじめに……………………………………………………………………… 1

　Ⅱ　C.ホイヘンスの「チャンスの価格」と「期待値」………………………… 3
　　1　『運まかせゲームの計算』　3
　　2　C.ホイヘンス「チャンスの価格」　4
　　3　「チャンスの価格」といわゆる期待値　6
　　4　パスカルにおける「勝負の値」　8

　Ⅲ　ホイヘンス兄弟によるグラントの生命表の検討 ………………………… 12
　　1　グラント『諸観察』における生命表　12
　　2　グラントの生命表をめぐるホイヘンス兄弟の往復書簡　14

　Ⅳ　デ・ウィットによる終身年金の現在価額の計算 ………………………… 18
　　1　政治家デ・ウィットと終身年金型国債　18
　　2　終身年金の現在価額の計算　19

　Ⅴ　おわりに …………………………………………………………………… 23

第2章　C.ホイヘンス『運まかせゲームの計算』について ……… 29

　Ⅰ　はじめに …………………………………………………………………… 29

　Ⅱ　『運まかせゲームの計算』の概要 ………………………………………… 31
　　1　ホイヘンスが前提とする仮定　31
　　2　ホイヘンスによるチャンスの価格の計算　32

　Ⅲ　ホイヘンスにおける解析とデカルトの分析 ……………………………… 38
　　1　デカルトにおける分析と総合　38
　　2　デカルト『幾何学』における解析的方法　40
　　3　解析における連立方程式　42

Ⅳ　結　び………………………………………………………… 45

第3章　17世紀後半のオランダにおけるフランス確率論の展開… 49
　　　　　──パスカル゠フェルマーからホイヘンス、フッデへ──
　　　Ⅰ　はじめに…………………………………………………………… 49
　　　Ⅱ　パスカル゠フェルマーにおける「勝負の価格」の計算……… 50
　　　　1　パスカル゠フェルマーの往復書簡　50
　　　　2　点の問題と漸化式　51
　　　　3　場合の数の数え方　53
　　　　4　パスカルの賭け　56
　　　Ⅲ　ホイヘンスにおける「チャンスの価格」の計算…………… 57
　　　　1　パスカル゠フェルマーとホイヘンス　57
　　　　2　付録第1問の解法　57
　　　　3　付録第2─4問の解法　60
　　　　4　付録第5問──破産問題の解法──　63
　　　Ⅳ　結　び………………………………………………………… 66

第4章　17世紀オランダにおける終身年金現在価額の評価問題… 69
　　　　　──「チャンスの価格」と「生命表」の利用をめぐって──
　　　Ⅰ　問題の所在……………………………………………………… 69
　　　　1　はじめに　69
　　　　2　ホイヘンスのチャンスの価格　70
　　　　3　「チャンスの価格」の社会問題への適用　71
　　　Ⅱ　デ・ウィットによる終身年金現在価額の推計……………… 72
　　　　1　終身年金現在価額推計の背景と経過　72
　　　　2　終身年金現在価額の推計　73
　　　　3　チャンスの価格と終身年金現在価額　75
　　　Ⅲ　デ・ウィットの終身年金現在価額推計における生命表…… 77
　　　　1　生命表の歴史　77
　　　　2　17世紀のオランダにおける生命表　78
　　　　3　フッデによる生命表の作成　80
　　　　4　生命表をめぐるフッデとデ・ウィット　83
　　　Ⅳ　結　び………………………………………………………… 85

第5章　18世紀前半のオランダにおける確率論と統計利用の展開… 89
　　　　　──ストルイクを中心に──

　Ⅰ　はじめに……………………………………………………………… 89
　Ⅱ　ストルイクの生涯と業績…………………………………………… 90
　Ⅲ　ストルイクの業績への評価………………………………………… 92
　Ⅳ　ストルイクの確率論研究…………………………………………… 93
　Ⅴ　ストルイクの人口統計・終身年金研究…………………………… 98
　Ⅵ　結びに代えて………………………………………………………104

第6章　18世紀オランダの人口統計……………………………………109
　　　　　──ハレーからケルセボームへ──

　Ⅰ　はじめに………………………………………………………………109
　Ⅱ　ケルセボームの生涯と業績…………………………………………110
　Ⅲ　ケルセボームの人口推計……………………………………………112
　　1　ケルセボームの人口推計の方法　112
　　2　ケルセボームの方法と静止人口モデル　113
　　3　ケルセボームの人口推計の問題点　114
　Ⅳ　ハレーの生命表とケルセボーム……………………………………115
　Ⅴ　ケルセボームの生命表………………………………………………118
　Ⅵ　ケルセボームのストルイク批判……………………………………121
　Ⅶ　結　び…………………………………………………………………125

第7章　19世紀オランダにおける政治算術と確率論の統合………131
　　　　　──ロバトの年金現在価額評価論と偶然誤差理論──

　Ⅰ　問題の所在……………………………………………………………131
　Ⅱ　ロバトの生涯と業績…………………………………………………133
　　1　ロバトの生涯　133
　　2　『ロバト年鑑』の刊行　134
　　3　ケトレーとロバト──オランダ王国の中央集権化における──　135
　Ⅲ　ロバトによる各種年金の現在価額評価……………………………136
　Ⅳ　ロバトの偶然誤差理論………………………………………………141

Ⅴ　小括と残された課題……………………………………………… 145

第8章　シモン・フィセリングの統計学………………………………… 149
　　　――19世紀中葉オランダでの大学派統計学の展開――
　　Ⅰ　はじめに………………………………………………………… 149
　　Ⅱ　国状学の流入と大学派統計学の形成………………………… 150
　　　1　国状学の流入　150
　　　2　大学派統計学の形成――クルイトの統計学――　151
　　　3　大学派統計学の転換　152
　　Ⅲ　フィセリングとライデン大学………………………………… 153
　　　1　フィセリングの略歴　153
　　　2　教授就任講演「経済学の基本原理としての自由」　154
　　Ⅳ　フィセリングの統計学（前期）……………………………… 155
　　Ⅴ　フィセリングの統計学（後期）……………………………… 158
　　Ⅵ　結　び………………………………………………………… 162
　　補遺　フィセリングと幕府留学生西周，津田真道…………… 167
　　　　　――その5教科講義での統計学の位置――
　　　1　西，津田の受講希望科目における統計学　167
　　　2　西，津田の統計学受講希望の背景　168
　　　3　フィセリングの5教科講義での統計学　169

付　論　スピノザ『チャンスの計算』について……………………… 173
　　Ⅰ　はじめに………………………………………………………… 173
　　Ⅱ　スピノザの確率研究………………………………………… 175
　　Ⅲ　スピノザ『確率書簡』について……………………………… 179
　　Ⅳ　スピノザ『チャンスの計算』について……………………… 182
　　Ⅴ　スピノザの世界観と自然研究……………………………… 187
　　Ⅵ　結　び………………………………………………………… 190

あとがき

装幀：高須賀優

第1章
17世紀後半オランダにおける人口統計と確率論の交錯
——C．ホイヘンスの「チャンスの価格」と
デ・ウィットの「終身年金の現在価額」について——

I　はじめに

　私はかつて「スピノザ『チャンスの計算』について」を書いて，スピノザがファン・デル・メールと交わした確率書簡，およびその死の直後匿名で刊行されながら19世紀後半まで埋もれてしまうという数奇な運命をたどったスピノザの小論文「チャンスの計算」を取り上げた[1]。その目的は，次のようなところにあった。

　中世末以降，人々は人間をめぐる「偶然」を「合理的に」捉えようとし始めるが，その中で，二つの認識論的方法論的立場の対立に直面した。社会的集団現象，特に人口動態現象を対象とする政治算術学派の統計的経験的確率がその一つであり，ギャンブルの勝敗と賭金配分問題を主たる対象に生まれたフランス確率論の合理的先験的確率がもう一つのものである。両者は，17世紀中葉，時期をほぼ等しくして生まれた。正確にいえば，前者はペティやグラントの独創をもとにこの時期一挙に形成されるが，後者はルカ・パチョーリ，カルダーノ，ガリレイらを前史に持ちつつ，パスカルとフェルマーの往復書簡によってこの時期に大成される。両者は，それぞれイギリス経験論と大陸派合理主義という認識論的土壌の中から生まれたものであり，その後も対立と融合をくり返しつつ，現代の多様な確率観——客体的な頻度的確率対主体的な論理的確率ないし主観確率——のルーツとなっていることは，周知の通りである。

　私は上記の論文で，政治算術の人口統計と伊・仏の数学者によるチャンスの計算とが1660～70年代のオランダで交錯し，しかも先進商業国という社会的風

土の中で統計的経験的なものの主導のもとにその統合が試みられたことを示そうとした。これを，スピノザの「チャンスの計算」を通してみようとしたのである。

しかし，スピノザを通してこの課題に迫ろうとするアプローチは，いささか狭隘にすぎた。なぜなら，スピノザ「確率書簡」でとられた方法は，クリスティアン・ホイヘンス（1629～95年，以下，C.ホイヘンスと略す）の「チャンスの価格」であるが，これは彼の著作『運まかせゲームの計算』でのキーワードであった。この著作では，まず「チャンスの価格」の考え方が述べられた後，運まかせゲームにおける賭金配分問題を中心に14個の命題とその解が順に与えられ，最後に解法ぬきで5個の問題が示されている。スピノザ「チャンスの計算」では，この最後の5問の第一が取り上げられ，やはり「チャンスの価格」の方法を用いて独自の解法が与えられている。スピノザは，C.ホイヘンスの方法を前提としていた。その著作のタイトルも，オランダ語の原文 *Reeckening van Kanssen* を直訳すれば，『チャンスの計算』である。

一方，そのスピノザが，生涯にただ一度激情に身を任せて慟哭し怒り狂ったのは，親友であっただけでなくその交友を通して国家と政治の哲学に眼を向けることになったデ・ウィットが，暴徒によって虐殺された時であった。このデ・ウィットは反オラニェ家派であった連邦議会の指導者であったが，当時，軍備増強のための財源問題を議論していた議会に，その数学の素養をもとに，「償還年金との対比における終身年金の価値」を提出した。彼はそこで，独自の生命表とC.ホイヘンスの「チャンスの価格」とを用いて，終身年金の現在価額を計算している。デ・ウィットの論文の末尾には，同じく数学の素養を持つ政治家であったフッデが求められて，「方法は新しく結果も数学的に正しい」というコメントを載せている。このフッデはスピノザとも交流があり，スピノザのフッデ宛書簡3通が『スピノザ往復書簡集』に残されている。また，C.ホイヘンスにも，生命表に関して書簡を送っている。

C.ホイヘンスは，政治算術学派のグラントによる『死亡表に関する自然的および政治的諸観察』（1662年，以下，『諸観察』と略す）を，英国王立協会会長マリから贈られていた。このマリは，グラントにより献辞と共にその著作が捧げられた一人である。C.ホイヘンスは，弟のローデウェク・ホイヘンス（以下，

第1章　17世紀後半オランダにおける人口統計と確率論の交錯　3

L.ホイヘンスと略す)の求めに応じて手紙を交換し，グラントの生命表からどのように人間の「寿命」を計算できるかについて議論した。

　以上みてきたように，政治算術の人口統計と大陸派のチャンスの計算との交錯を1660～70年代のオランダにみようとする時，検討の対象をスピノザからその交友範囲に属する自然科学者，数学者，政治家などにまで広げる必要がある。本章では，まずC.ホイヘンスによる「チャンスの計算」，特に「チャンスの価格」を，それ自体ないしその数学的精緻化がいわゆる期待値だとされている点を中心に，検討する。次いで，ホイヘンス兄弟の往復書簡を取り上げ，そこで「チャンスの価格」と人口統計がどのように統合されようとしたかをみたい。最後に，デ・ウィットによる終身年金の現在価額の計算において，同じく「チャンスの価格」と人口統計がどのように結びつけられているか，をみることにする。

II　C.ホイヘンスの「チャンスの価格」と「期待値」

1　『運まかせゲームの計算』

　物理学，天文学，数学等の科学研究のみならず望遠鏡や時計などの技術開発において，C.ホイヘンスは17世紀の科学技術史を飾る輝かしい業績をあげたが，それらは，新しい科学技術の一つの中心地であったオランダの土壌の中に生まれ，英仏両国の多くの優れた科学者との交流を通して育まれていったものである。彼はたびたびパリとロンドンを訪ねているが，1663年には英国王立協会の会員に，また1666年にはパリに創立された科学アカデミーの外国人会員に選出されている。[6]

　この事情は，彼の『運まかせゲームの計算』執筆に関しても全く同様であった。彼は，法律を学ぶために16歳で入ったライデン大学で，当時オランダで盛んであったデカルト数学の大家スホーテンに会い，数学研究の魅力にとりつかれた。1655年，法学博士を得るためフランス西部にあるプロテスタント派のアンジェ大学を弟のL.ホイヘンスと訪ねるが，帰路立ち寄ったパリで，その前年にパスカルとフェルマーの間で論じられた賭金配分問題を知ることになった。彼はパスカル，フェルマーに直接会うことはできなかったが，両名の間接的知人であ

るロベルヴァールやミロンから，論じられた問題を解答ぬきで教えられた。

C.ホイヘンスは帰国後，独力でこれらの問題を解いてみた。そしてその当否をパスカル，フェルマーに確かめてもらうべく，解答をロベルヴァールとミロンに送ったのに対し，フェルマーから満足のゆく返答と共に新たな問題が送られてきた。C.ホイヘンスは直ちに解いて送り返している。彼は，このやりとりをまとめて刊行することを師スホーテンに相談したが，スホーテンはちょうどその頃出版の準備をしていた大著『数学演習』の末尾にC.ホイヘンスの論文を収録することを約束し，さらにそのラテン語訳を引き受けたのである。[7]

こうしてC.ホイヘンスの『運まかせゲームの計算』は，1657年にラテン語で刊行され，次いで1660年にオランダ語版も刊行された。これは，確率計算に関する著作としては世界最初のものであり，またラテン語で刊行されたということもあって，西欧各国でこの分野の標準的教科書として18世紀に入るまで，広く利用された。

われわれは現在，このテキストを次の形で容易にみることができる。まず1888年に始まり今世紀の半ばにようやく完結した『C.ホイヘンス全集』の第14巻に，ラテン語に訳される前のオランダ語版とそのフランス語版が収録されている。また，J.ベルヌーイの *Ars conjectandi* には，『数学演習』のラテン語版の『運まかせゲームの計算』が，J.ベルヌーイによる「注釈」，「系」，「注意」づきでその冒頭に収められている。われわれは現在それを彼の『著作集』第3巻，および1968年の復刻版にみることができる。[8] この *Ars conjectandi* にはハウスナーによる独訳があり，そこでドイツ語によるC.ホイヘンスの論文をみることができる。なおテキストの日本語訳としては，長岡一夫による『サイコロ遊びにおける計算について』がある。[9]

2　C.ホイヘンス「チャンスの価格」

では『運まかせゲームの計算』の全体を貫くキーワードである「チャンスの価格」とは，どのようなものか。この著作の冒頭で示されるC.ホイヘンスの定義をみてみよう。[10]

運まかせゲームの勝敗は全く不確定であるが，その勝敗からあるものを得たり失ったりするチャンスの大きさは確実に計算できる。だからゲームを途中で

中断した場合でも，私が賭金のどれだけの分け前を正当に要求できるかを計算できるし，またこのゲームの私の立場を引き継ごうとする人に私はどれだけの金額を請求すべきかも計算できる。これは，ゲームが二人の間でなく三人以上の間で行われる場合も，全く同様である。このような前置きをした後，C. ホイヘンスは，「チャンスの価格」を次のように定義する。

「〔これらの場合に関し〕私は以下の基本概念を前提にする。すなわち，あるゲームにおいてある人があるものを得るというチャンスはある価格を持っている。その価格は，もし彼がそれ〔そのチャンスの価格〕を持っていれば，それ〔を支払うこと〕によって，だれかが〔不当に〕損失を蒙ることはないようなゲームで再び同一のチャンスを入手できるだけの大きさである。例をあげる。ある人が，私には知らせず片方の手に3シェリング，他方に7シェリングの金額を隠し持っている，とする。私がどちらかを選び，選んだ方の金額がもらえるとしたら，私はこれは，あたかも5シェリングの金額を確実に持っていることとちょうど同じ大きさの価格を持つ，と考える。だから私が5シェリングを持っている時，私は3かまたは7シェリングを得るという全く同じチャンスを再度入手できる。これは確かに公正なゲームである。」

定義はいささか回りくどくて晦渋だが，例の方は比較的明快である。続けて述べられる命題Iをみれば，「チャンスの価格」はよりはっきりする。

「命題I　私がaを得るチャンスとbを得るチャンスが〔その大きさで〕等しいとすると，私にとってこの〔どちらかを得るチャンスの〕価格は$\frac{a+b}{2}$である。
　この法則を証明するだけでなく発見するために，私にとっての〔この〕チャンスの価格をxとする。ここで私がxを持っているとすると，公正なゲームによって再度同じチャンスを入手できるはずである。次のようなゲームを考えよう。私はxを賭けて相手とゲームをするが，相手もxを賭ける。そして，勝者は敗者にaだけ与えねばならないとしよう。ゲームは公正であり，私が負けてaを得るチャンスと勝って$2x-a$を得るチャンスとは同じ大

きさである。なぜなら私が勝って賭金の2xを入手しても，その中からaを相手に与えなければならないからである。ここで2x-aをbとしよう。

　この時，私は同じ大きさのaを得るチャンスとbを得るチャンスのどちらかを入手できることになる〔公正なゲームで命題Ⅰと同じチャンスを再度入手できることになった〕。そこで2x-a=bとおいて，私にとってのこのチャンスの価格 $x = \dfrac{a+b}{2}$ を求めることができる。」

　C.ホイヘンスの「チャンスの価格」を考える時，まず注意せねばならぬことは彼が使う「チャンス」の意味である。彼は，サイコロゲームでその勝敗の可能性だけをみず，その勝敗に伴う物的得失を必ず結びつけて考えている。「あるゲームでaを得るチャンス」という形であり，その可能性に関し「等しい〔大きさの〕チャンス」というように大きさが考えられている。「チャンスの価格」は，ある人がいくつかの等しいチャンスのどれかをサイコロゲームのような偶然を通して入手できる時，それが彼にとってどれだけの価値を持つか，という意味である。なおこれは，「aを得るチャンスの数はp個，bを得るチャンスの数がq個あり，それらがすべて同じ大きさ〔の可能性〕で起きうる時，これは私にとって $\dfrac{pa+qb}{p+q}$ に値する」（命題Ⅲ）というように拡張される。[11]

3　「チャンスの価格」といわゆる期待値

　C.ホイヘンスの「チャンスの価格」を現代数理統計学の期待値と比較すると，次のような特質がみられる。

(1)　ある事象の起きる可能性とその結果がもたらす利害得失とが一体化されたまま，チャンスとして捉えられている。

(2)　そのチャンスは価格を持っており，しかもそこには公正な価格が存在する，と考えられている。

(3)　その公正な価格は，くり返される公正なゲームとしての同一のチャンスへの参加料のようなものとして考えられている。

　すなわち，危険と利害が結びついたチャンスは，くり返されるリスクを持った「取引」において，双方が功利的に判断して納得し，その「取引」に応じるような価格という意味で，「公正な価格」を持っているとされる。あくまで

「チャンスの価格」であって，利得 x_i を得る確率が p_i である時，$\sum_{i=1}^{n} x_i p_i$ と定義される期待値とは異なるものである。事実，オランダ語の『運まかせゲームの計算』でC. ホイヘンスは，一貫して "Het (de Kansse) is mij soo veel weerdt als…, (英) it (the chance) is worth to me so much…," としていたが，それをスホーテンが "expectatio mea est…, (英) my expectation is…," とラテン語に訳し，以来，期待値という言葉が使われるようになった。しかし，期待値をそれぞれの利得と確率の積和 ($\sum_{i=1}^{n} x_i p_i$) として捉えるようになるのは，ずっと後になってからである。

C. ホイヘンスによる「チャンスの価格」の考え方が中世以降の契約法の系譜をひいていること，特にリスクをはらんだ取引における公正な価格の考え方の延長上にあることは，多くの人によって指摘されているが，ここではダストンのそれをみてみよう。

ダストンによれば，probability という言葉および credibility のようなその類似語は，運まかせゲームのチャンスの計算とは全く別に，そしてそれよりも古くから，可能性に対する質的合理的把握という意味で使われ始めた，という。それは中世初期の絶対的真理認識と無知懐疑という両分法に代わって現われたものであり，証拠や事実への合理的判断にもとづく行動という一種プラグマティックな合理主義を背景に持っていた。特にリスクを含む取引での公正な契約価格と，裁判での証拠への合理的確信という法的問題において，probable だという合理的で質的な判断が重要な役割を果たした。

このうち，前者のリスクを持つ取引における公正な契約価格の延長上に，C. ホイヘンスの「チャンスの価格」は現われた。これは現在，「当事者の一方または双方のなすべき給付が，契約成立後の偶然の事情によって確定さるべき契約」として射倖契約（aleatory contract）とよばれるが，歴史的には大きな意義を持っていた。すなわち，古来キリスト教の世界では金銭の貸借に伴う利子の授受が禁止されてきたが，地中海貿易の復活と商業の隆盛の中で，危険負担を伴う取引への投資がもたらす「利潤」は利子とは別であるという考え方が生じ，やがて17世紀に入るとローマ教皇庁も，東方貿易に対するそのような危険負担を伴う投資に対する報酬を容認するようになった。これが aleatory contract にもとづく報酬である。

この報酬は危険の大きさによって（質的に）類別されねばならない，と考えた当時の法学者たちは，「危険の大きさと結果に伴う価値との複合物（compound）」として，いわば質的概念における期待値を考え出し，それが広まっていった。これをふまえて，運まかせゲームの計算方法を賭金の公正な配分という aleatory contract に適用し，この期待値概念の数量化を図ったのが，パスカル，フェルマーや C. ホイヘンス等の初期古典派確率論者であった。だからこそ，確率と利得を分離しない期待値としてまず把握された。また，C. ホイヘンスが「チャンスの価格」というキーワードを一貫して使おうとした背景も，ここにある。

以上が，ダストンが強調する C. ホイヘンスの「チャンスの価格」の時代的背景である。確かに説得的であるが，偶然を含む取引契約における合理的判断と運まかせゲームにおける合理的計算の交錯において，すなわち合理性においてのみ捉えようとすると，この考え方が政治算術の人口統計のような経験的なものと交わる契機を見失う危険が生ずるのではないか。この点を検討するため，次に政治算術学派の生命表を C. ホイヘンスと L. ホイヘンスの兄弟がどのようにみていたかを取り上げるが，その前に，「チャンスの価格」の捉え方における C. ホイヘンスとパスカルの差異を明らかにしておきたい。

4　パスカルにおける「勝負の値」

パスカルとフェルマーの往復書簡は，前者から後者宛 3 通，後者から前者宛 3 通の 6 通が残されており，後に古典派確率論の基本命題となるような問題のいくつかが論じられているが，本章の課題からするとパスカルからフェルマーへの第一書簡（7 月 29 日付）が重要である。『パスカル全集』から引用する。

「さてそこで，例えば，二人の賭博者が 3 回上りの勝負をし，各々がそれぞれ 32 ピストルずつ賭けたとして，その一つ一つの勝負の値を知るために私はどうしたかと申しますと，大体次のとおりです。

第一の者がすでに 2 回勝ち，もう一方が 1 回勝っているとしましょう。そうして二人はいま次の勝負をやろうとしています。その勝負の結果は如何というと，もし第一の者が勝てば，賭金の全部すなわち 64 ピストルを得ます。もしもう一方が勝てば双方共に 2 回ずつ勝ったことになります。従って賭

第1章　17世紀後半オランダにおける人口統計と確率論の交錯

やめようと思うならば，各々自分の出した賭金すなわち32ピストルずつを引揚げなければなりません。

　そうなんです。第一の者は，勝てば64ピストル，負ければ32ピストルを得るのです。だから彼らがこの勝負をやってみないで賭をやめようと思うならば，第一の者はこう言わなければなりません。「32ピストルは確実に僕のものになるんだ。この勝負に負けても貰えるんだからね。残りの32ピストルは，僕のものになるかも知れないし，君のものになるかも知れない。同じだけの運があるんだ。だからこの32ピストルは半分ずつ分けよう。そうしてその上に，確実にぼくのものになる例の32ピストルをもらおう。」だから彼は48ピストル，もう一方は16ピストルを得ることになります。」[16]

　この引用が示すようにパスカルも勝負の価値を，それぞれ別個に捉えた確率と利得との積和とはみていない。両者は一体的に把握されており，それが持つ公正な価格が問題にされている。具体的には，双方の賭金64ピストルを前に2勝1敗で次の勝負に臨んでいる者にとって，このゲームはいくらに値するか，という問題である。これが引用の中でパスカルのいう「勝負の値」である。すなわち，この引用の限りでパスカルは，C.ホイヘンスの「チャンスの価格」とほぼ同一の内容を持つ「勝負の値」を自らの課題としている。両者の差異を捉えるためには，パスカルの「賭による神の存在証明」ないし「パスカルの賭」をみる必要があろう。

　「パスカルの賭」が出てくる『パンセ』の断章233は異例に長いものである[17]。そしてそのレトリックはいささか晦渋であり，十全な理解は容易ではない。そこで問題の整理をハッキングに依拠しつつ，以下に議論を進めたい[18]。

　彼ハッキングは，パスカルの賭をいわゆる期待値の問題としてだけでなく，統計的決定の問題として捉えた。私もかつて統計的決定理論の枠組みで捉えた時，この問題の理解が容易であることを指摘して表1-1を示した[19]。この表を使って，ハッキングが分けたパスカルの神の存在証明の三つの段階をみてみよう。

　パスカルはまず，次のように述べる。「だが，君の幸福はどうなるか？　神は存在するという表の側をとって，その得失を計ってみよう。二つの場合を見積ってみよう。もし君が勝てば，君はすべてを得る。もし君が負けても，君は何も失

表1-1 統計的決定理論の枠組みでみた「パスカルの賭」

		状態が起きる確率	とりうる行動 (a_j)	
			神を信じる a_1	神を信じない a_2
起きうる状態 (s_i)	神は存在する (s_1)	p_1	u_{11}	u_{12}
	神は存在しない (s_2)	p_2	u_{21}	u_{22}
期 待 値			$\sum_{i=1}^{2} p_i u_{i1}$	$\sum_{i=1}^{2} p_i u_{i2}$

注：u_{ij} は，行動 a_j を選択し，状態 s_j が起きた時，意思決定者が得る利得の額。
出所：吉田忠（1974）64頁。

いはしない。だから，ためらわずに，神は存在するという側に賭けたまえ。」[20]

　神を信じれば，神が存在する時の u_{11} が u_{12} を大きく上回るのは当然であるが，神が存在しなかった時に失う u_{22} の大きさはせいぜい u_{21} までである（「君は何も失いはしない」）。こうして $u_{i1} \geqq u_{i2}$ (i = 1, 2) だから，行動 a_1 は行動 a_2 を支配している（dominate），すなわち a_1 は a_2 に優越している。

　次にパスカルは，神を信ずるために犠牲にせざるをえない現世の楽しみ u_{22} はもっと大きいという批判に応え，$u_{21} \geqq u_{22}$ という仮定を捨てる。支配的な行動がない場合である。「勝ちにも負けにも同様の運があるのだから，かりに君が一に対して二の生命を得るだけであっても，君はやはり賭けてさしつかえないであろう。しかし得られる生命が三であるならば，賭けるのが当然である。」[21]

　これだけでは分かりにくいから，表1-1で説明する。「勝ちにも負けにも同様の運がある」とは，神の存在の有無は五分五分，すなわち $p_1 = p_2 = 1/2$ だとする，という意味であり，「一に対して二の生命を得る」とは，神を信ぜずに生きて得る現世の利益（$u_{12} + u_{22}$）の1に対し，神を信じつつ生きて得る歓び（$u_{11} + u_{21}$）は2である，という意味である。この時，行動 a_1 をとる時に現世と来世で得る歓びの期待値と行動 a_2 をとる時の楽しみの期待値との比較は，$u_{11} + u_{21} \geqq 2 (u_{12} + u_{22})$ ならば，$p_1 = p_2 = \frac{1}{2}$ であっても，

$$\frac{1}{2}(u_{11} + u_{21}) - \frac{1}{2}(u_{12} + u_{22}) \geqq 0$$

となり，行動 a_1 を選択せよということになる。ただし「期待値での比較」はハッキングによる理解であり，パスカルにとっては「勝負の値での比較」で

あった。

　最後にパスカルは，神の存在の有無の可能性を五分五分としたことへのありうる批判に応えて，その可能性を $1:n$ とする。$p_1=\dfrac{1}{1+n}$, $p_2=\dfrac{n}{1+n}$, ただし n は十分大なる自然数としたのである。代りに彼は，神を信じて生きる a_1 が神は存在するという s_1 と合致した時の歓び u_{11} は「無限の大きさの幸福だ」とした。

　「ここでは無限に幸福な無限の生命が得られるのであり，負ける運が或る有限数であるのに対して，勝つ運は一つある。しかも君の方から賭けるものは，有限である。……損得を考えるまでもない。一切を賭けるべきである[22]。」すなわち，行動 a_1 のもたらす利得の期待値 $\sum_{i=1}^{2}p_iu_{i1}$ が無限大になるから，文句なしに行動 a_2 に優越する（ハッキングは，支配的期待値 dominating expectation とよんだ）。

　こうみてくると，パスカルの賭の問題点は明らかであろう。支配的期待値の考え方が明瞭に示しているように，前提の中に結論が忍び込んでいるからである。「これら三つの議論は，議論としてはすべて正当であるが，いずれも説得的ではない。すべて，疑わしい前提に依拠しているからである[23]。」これはハッキングのコメントであるが，その通りであろう。

　加えて統計的決定理論では，状態と行動の交わりにペイオフ行列として与えられる効用の値は，当然のことながら有界でなければならない，とされている[24]。周知のように数理統計学では，期待値が無限大の値をとった時，その期待値は存在しない，とされている。

　やはりパスカルの「賭における計算はこの場合独立にそして理論的に神の存在を証明するのでなく，かえってそれは神の信仰に対する意志決定の目的のために，ひとつの実践的なる智慧として，手段の用をなすに過ぎぬ。賭の理論は宗教的不安の基礎経験の上において初めてその証明の力を発揮し得る。死の見方を離れて賭はあり得ないのである[25]。」すなわち，「勝負の値」を「神の信仰の値」へと展開させたものは，パスカル個人の「死の不安」であった。これは三木清の主張であるが，説得的である。

　だが，ホイヘンスの「チャンスの価格」と基本的に同一概念であるパスカルの「勝負の値」が「パスカルの賭」で嵌入した混乱を，彼の死生観や信仰のみによるものとしてしまうことには問題があろう。人生の賭としての信仰は，

『パンセ』に先立って『ポールロワイヤル論理学』[26]にも現れているからである。私は，その要因として，17世紀半ばのフランスとオランダの社会的精神的風土の差に注目したい。

III　ホイヘンス兄弟によるグラントの生命表の検討

1　グラント『諸観察』における生命表

まず，グラント『諸観察』における生命表からみることにする。彼がそこで基本資料とした「死亡表」は年齢別埋葬者数を欠いていたが，『諸観察』には年齢別の死亡率ないし生存率が出てくる。ではこの生命表はどのように作成されたのであろうか。

グラントは次のように述べる。

「われわれは，100の出生者中約36は6歳になる前に死亡するということ，また76歳以上まで生き延びる者はおそらく1人しかないだろうということを明らかにしたが，しかし6歳と76歳との間には7の旬年があるから，われわれは，6歳における生存者である64人と76歳以上まで生き延びる1人との間に6個の比例中数を求めた，そして以下の数が実用的に十分真に近いということを発見する。けだし，人々は精確な比例で死ぬものでもなければ分数で死ぬものでもないからである，そこで以下の表が生じる。

100人中最初の6カ年間で死亡する者	36
次の10カ年，すなわち旬年	24
第2の旬年	15
第3の旬年	9
第4の旬年	6
第5の旬年	4
第6の旬年	3
第7の旬年	2
第8の旬年	1

」[27]

第1章　17世紀後半オランダにおける人口統計と確率論の交錯　13

この「100中36が6歳以前に死亡」という点は、6歳以下が罹る疾病、6歳以下に多い疾病等を死因となった諸疾病から選び出し、そこで6歳以下が占めるおおよその比率を（根拠を示さずに）推定した上、「総出生者中の約36％は6歳になる前に死んだことになる」としたものである。「76歳以上の生存数は100中1以下」の根拠は、死因で「老人〔"aged"、「老衰」か？〕」とされている年齢を「ダヴィデがそう呼んだと同年、すなわち70歳」だとし、それが占める6.9％と合わせて、「ある土地で100中7人以上が70以上まで生きるならば、〔それは〕いっそう健康的〔な土地だ〕」とした判断による。

いずれも、十分説得的な根拠があるとはいい難いが、それよりも問題なのは6～76歳間の七つの年齢階層別死亡数である。グラントは、「7の旬年」に関して「6個の比例中数（mean proportional number）を求めた」と述べるのみで、その説明を与えていない。これをめぐって多くの議論がなされてきたが、そこでほぼ共通する見解はグラントが生存数に等比数列を仮定したという点であろう。確かに、各年齢階層に一定生存率を仮定した等比数列では、表1-2が示すように、当てはまりが若齢層によい場合は高齢層に悪いという二律背反がみ

表1-2　グラント「生命表」の等比数列による近似

年　齢	グラントによる推計 （出生者100人中）		等比数列で決めた 各年齢の生存数	
	死亡数	生存数	生存率＝0.625	生存率＝0.62
0歳		100	(100)	(100)
	36			
6		64	(64)	(64)
	24			
16		40	40	39.7
	15			
26		25	25	24.6
	9			
36		16	15.6	15.3
	6			
46		10	9.8	9.5
	4			
56		6	6.1	5.9
	3			
66		3	3.8	3.6
	2			
76		1	(1)	(1)
	1			
86				

注：1. 生存数は各年齢時のもの、死亡数は各年齢時から次の年齢時までのもの。
　　2.「等比数列で決めた各年齢の生存数」は、初項64、公比＝生存率の等比数列として決めたもの。
出所：グラントによる推計は、グラント,J.,久留間鮫造訳（1968）94-95頁。

られるが，いずれにしても，グラントの生命表が年齢階層別死亡数に関して仮定された何らかの数量的秩序にもとづき構成されていることは確かであろう。ハルトも，ジュネーヴでの1600年代約5万人の実際の年齢階層別死亡数と比較してグラントのそれが大きく乖離していることを示し，その現実性に疑義を呈している。[30]

2　グラントの生命表をめぐるホイヘンス兄弟の往復書簡

既述のように，グラント『諸観察』はその刊行直後，王立協会会長マリによってC. ホイヘンスに届けられていた。彼はグラントの才能を称えつつ謝意を表わしたが，『諸観察』の内容には特に関心を示さなかった。そこでの生命表が終身年金などの評価に有益ではないかという見地から『諸観察』を取り上げたのは，弟のL. ホイヘンスであり，1669年のことであった。この問題をめぐる兄弟の往復書簡は，『C. ホイヘンス全集』第6巻に次の9通が載せられている。[31]

書簡番号	月　日	発信→受信	
① 1755	8月22日	L.→C.	
② 1756	8月28日	C.→L.	
③ 1771	10月30日	L.→C.	
④ 1772	〃	〃	(1771の Appendix)
⑤ 1775	11月14日	C.→L.	
⑥ 1776	11月21日	C.→L.	
⑦ 1777	〃	〃	(1776の Appendix I)
⑧ 1778	〃	〃	(　〃　の Appendix II)
⑨ 1781	11月28日	C.→L.	

以下，各書簡を①～⑨の番号で，ホイヘンス兄弟の兄をC.，弟をL. の略称で表わすことにする。まず書簡①で，L. はC. に書いた。「私は，ここ数日間，各年齢階層の人々の余命の表の作成で過しました。それは，英国の『諸観察』の表から導出したものです。その表のコピーを送ります。貴方が同じことを試みて，私たちの計算が一致するかどうかをみたいためです。……この計算結果は興味深いものであり，年金を設定する時に役立つでしょう。……私の計算によれば，貴方はほぼ56歳半まで生きるでしょう。私は55歳までです……。」

第1章　17世紀後半オランダにおける人口統計と確率論の交錯　　15

　このいささか挑発的な L. の問題提起に対して C. は②で,「100人のうち何人が年々死ぬかを示した表が必要だ」とまずは冷静に受けとめた。しかし,40歳の C. は56歳半まで生きられる,というような形ではなく,「16歳の人が36歳まで生きるということに4対3で賭けることができる」という形でしか表わしえない,と L. をたしなめている。

　書簡③で L. は初めて,グラント「生命表」の各年齢階層ごとの平均余命に関する自らの計算結果を C. に示した。同時に書簡④で,グラント「生命表」のコピーを C. に送っている。ここでの L. の計算を整理すると表1-3のようになり,現代人口統計学が一般に x 歳の生存数 ℓ_x から平均余命を求めているのに対し,x 歳を中心とする年齢階層での死亡数 d_x から求めているが,基本的に正しい方法であって同じ結果が得られる[32]。かくて,グラントが1662年に想定した「生命表」の平均寿命は18.22歳であることが,1669年に L. によって初めて明らかにされたのである。ただし,「1822年を100人に等分すれば,一人当たり18年と2カ月が得られます。これは,創造された,あるいは受胎された各人の平均〔死亡〕年齢です。」として,L. は得られたものが胎児の平均寿命だとしている。これは,グラントにより6歳以下のそれとされた死因に「早産児および死産児」が入っていたためであるが,疑点は残される[33]。

　書簡⑥～⑧で,C. はようやくグラント「生命表」に関する自らの計算と考え方を L. に示した（書簡⑤は,多忙でまだ計算に取りかかれないという C. の弁解

表1-3　L. ホイヘンスによる平均余命の計算

x	年齢階層	階層中心 t_x	死亡数 d_x	$t_x d_x$	$\sum_{x=1}^{x} t_x d_x$	平均死亡年齢 $\sum_{x=1}^{x} t_x d_x / \sum_{x=1}^{x} d_x$	年齢	平均余命
9	0～6歳	3	36	108	1,822	18.22歳	0	18.22
8	6～16	11	24	264	1,714	26.78	6	20.78
7	16～26	21	15	315	1,450	36.25	16	20.25
6	26～36	31	9	279	1,135	45.40	26	19.40
5	36～46	41	6	246	856	53.50	36	17.50
4	46～56	51	4	204	610	61.00	46	15.00
3	56～66	61	3	183	406	67.67	56	11.67
2	66～76	71	2	142	223	74.33	66	8.33
1	76～86	81	1	81	81	81.00	76	5.00

注：平均余命 =（当該年齢の）平均死亡年齢 - 当該年齢
出所：Hald, A. (1990) p.107.

である)。C.がL.の計算結果と対比しながら自らの平均余命計算を示したのは,書簡⑦においてである。そこで,C.は表1-3のL.の計算と同じ手続きを行い,平均死亡年齢(表1-3の7欄),平均余命(同9欄)に到達した。そして,「わが兄弟 Louis〔Lodewijk〕の方法は,違うやり方でそこに到達したとはいえ,同じことになります」と述べた。

手続きとしては同じなのに「違うやり方で」というのは,C.が人間の余命をゲームにおけるチャンスと考えようとした,すなわち100人の胎児はそれぞれ,3歳と書かれた36枚,11歳の24枚,……,71歳の2枚,81歳の1枚の計100枚のカードから1枚を選ぶチャンスを持っていると考えたためである。そうすると先に紹介した『運まかせゲームの計算』の命題Ⅲ(6頁参照)を拡大適用して,次のようにこの「チャンスの価格」を求めることができる。

$$\frac{36 \times 3 + 24 \times 11 + \cdots + 2 \times 71 + 1 \times 81}{100} = 18.22$$

各年齢階層での余命に関しても同様である。こうしてC.は,L.と異なる方法で同じ結果に到達したと考えた。

ところがC.は,L.の提出した課題に対してこの「チャンスの価格」やL.の求めた平均余命が適当な解答であるかどうかについて,大きな疑問を抱いていた。書簡⑥で,C.は述べる。「18年と2ヵ月は,貴方が信じているように胎児の各人の余命ではありません。例えば次のように仮定してみましょう。人間は子供の間が虚弱ですから,100人中90人が6歳までに死んでしまうとします。この年齢を超えた者はネストールやメトシェラのように152年2ヵ月生きるとします。ここで貴方はやはり100人に1822年を割りふるでしょうが,胎児が6歳に達するという賭でも大変不利です。10人中1人しかこの年齢には達しないのですから。」[34]

いうまでもなく,C.はここで偏った分布における算術平均と中位数の関係を問題にしている。彼は,駄目押しのようにL.に送った書簡⑨で述べる。「われわれは物事を違った方向から捉えましたが,二人とも正しいと思います。貴方は胎児に18年2ヵ月の余命を与えており,胎児の寿命がそれだけであるのは正しいでしょう。しかし彼がそんなに長生きすることは,明らかではありません。なぜなら,彼はその期限前に死ぬことの方がずっと明らかだからです。も

図1-1　C.ホイヘンスにより平滑化されたグラントの生命表の生存数

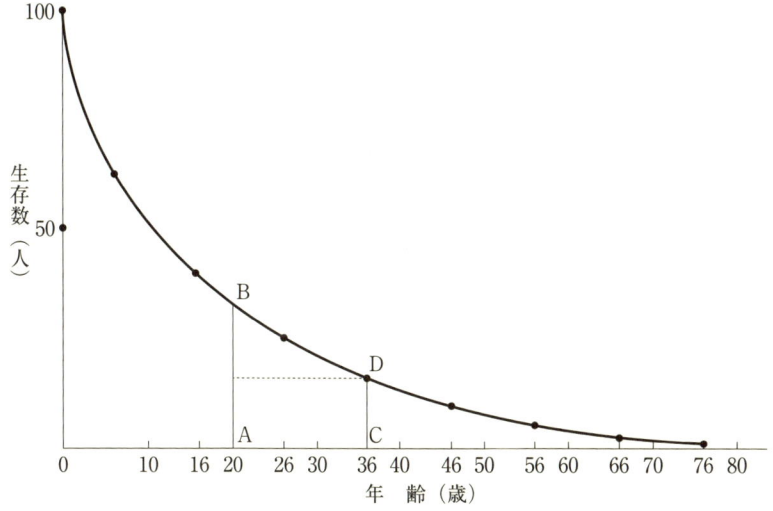

出所：Huygens, C.(1888-1950) Vol. 6, p.530.

し彼がその年齢に到達すると賭けたい人がいれば，勝負は不利になるでしょう。彼が11歳くらいまで生きることにしか公正に賭けることはできないからです。……それゆえ，ある人の寿命つまり将来の年齢の値と，その年齢に到達するかしないかの見込みが等しくなる年齢とは，別のものなのです。」

　ここでC.は，グラントの生命表における生存数の中位数を11歳くらいとしているが，その求め方を与えているのは書簡⑧である。彼は，グラント生命表における生存数を図1-1のように平滑化した。そして，横軸20歳の点A上の垂線がこの曲線とBで交わるとし，かつ36歳の点C上の垂線がDで交わるとする。もし $\overline{AB} = 2\overline{CD}$ ならば，20歳の人々の余命の中位数は16年（36歳マイナス20歳）になることを指摘した。

　C.は，L.の「何歳まで生きると考えられるか」というやや曖昧な質問を，乳幼児の死亡率が極度に高かった当時の人口動態を前提に受けとめ，その解答としては算術平均よりも中位数の方がより適切である，と主張したのであった。

　以上みてきたように，C.ホイヘンスは，弟が提起したグラント生命表における生存・死亡をある種のゲームのチャンスとみなし，その「チャンスの価

格」としてその平均寿命を把握した。その限りで,大陸派の運まかせゲームのチャンス計算の流れにある。しかし彼は,偏った年齢別死亡数という経験的現実にも眼を向け,現実的で公正なゲームとしては算術平均よりも中位数を基準とする賭でなければならない,とした。C. ホイヘンスにおける一つの矛盾とみなすことができよう。

　一方,実際に売り出される終身年金の価格決定に際しては,経験的な生命表から算出される平均余命を基準とする方法の方が正しい。ホイヘンス兄弟の往復書簡では,L. ホイヘンスによる最初の問題提起で年金との関連が述べられているにもかかわらず,この問題が検討されることはついになかった。これをどうみるかは一つの課題であろう。

IV　デ・ウィットによる終身年金の現在価額の計算

1　政治家デ・ウィットと終身年金型国債

　オランダが80年戦争の中で独立を勝ち取り,世界の通商国家にのし上がった後,内外共に困難な状況が続いた国家を20年にわたって指導したデ・ウィットは,その反オラニェ家・反中央集権的な共和主義の立場から,オランダのペリクレスとよばれた。[35]英仏両国がスペインに代わる覇権国家を目指して激しく争い始めた時期に,デ・ウィットは二度にわたる英蘭戦争を指揮し,特に第二次のそれを外交の力でオランダに有利な終結に導いたが,1672年,ルイ14世のフランスがイギリスと結んでオランダに侵入した時,彼は節を曲げてオラニェ家のウイレムIII世を指揮官に任命し,苦境の打開に当たらせざるをえなかった。この政治的混乱の中で,デ・ウィットは,「暴徒」によりその兄と共に文字通り虐殺された。1672年8月20日のことである。

　なおウイレムIII世の指揮するオランダ軍は,スペインとドイツからの援軍,さらにはイギリスとの単独講和達成等により,フランス軍の撃退に成功する。

　1670年,フランスとの関係が険悪化して軍備増強が必須となったオランダでは,その財源をめぐっていくつもの提案が,連邦議会で議論された。その提案には,大衆課税的な間接税（例えば小麦粉やその加工品）の増税,中長期間の利

付国債の発行等の伝統的な財源とならんで，連邦議員にとって耳新しい財源があった。イタリア人のトンティによって考案された，といわれるトンチン年金である[36]。トンチン年金の場合，国は，年齢階層で分けられた応募者の組に，彼らが等額で国庫に払い込んだ金額の総額の一定パーセントを年金として支払うが，この年金は当該組内のその時点での生存者の間で均分される。これは，当該組のメンバーのすべてが死に絶えるまで続く。

　トンティは，1650年代前半，彼を重用していたフランスの宰相マザランにこれを提案したが，政府の採用するところとはならず，やがて彼は失脚する。フランス政府がトンチン年金型の起債を初めて行うのは，1689年であったが，これよりもずっと早い1670年に，オランダのカンペン市でトンチン年金型の公債が発行される。1口250フローリンで400口発行され，利率は8％だったという。翌71年には，アムステルダムとフローニンヘンの両市でも，トンチン年金型の公債が発行された。トンティのアイデアがフランスよりも先になぜオランダで実現したのかについては，トンティのオランダ旅行の際の影響によるものであろう，といわれている[37]。しかし私は，スペインやポルトガルによる大航海時代のあとを継ぎ，ハイリスク・ハイリターンの遠隔地貿易を展開させていたオランダにおいてこそ，リスクをはらむトンチン年金型公債が取り上げられたのではないか，と考えたい。その社会的背景に注目するのである。

　このような状況のもとでの連邦議会と州総督にデ・ウィットが提出したのが，次の意見書である。

　Waerdye van Lyf-renten naer proportie van Los-renten（*Value of Life Annuities in proportion to Redeemable Annuities*）

　1671年7月30日のことであるが，トンチン年金型公債を終身年金型国債として一般化し，その現在価額を計算することで，償還年金型国債，すなわち定期利付国債との（国の立場からの）優劣を比較するものであった[38]。

2　終身年金の現在価額の計算

　現在われわれは，次のようにしてデ・ウィットの上記論文を手にすることができる。まずオランダ語原文が，J.ベルヌーイの『著作集』第3巻に収められている。そしてヘンドリックスによる英訳を，*Assurance Magazine*, Vol. II

(1852)にみることができる。なおこの英訳は，バーンウェルの，*A Sketch of the Life and Times of John De Witt*, にその付録としてそのまま収められている。[39]

この論文で，デ・ウィットは次のようにその課題を設定する。「私は，償還年金に対する終身年金の比率を決めるため，以下にいくつかの仮説をおく。ここで，償還年金が元利均等償還年額の25倍（25年購入価額）で売られていることを前提にすると，この償還年金と釣り合いがとれるようにするには終身年金は何年購入価額（年間年金支給額の何倍）で販売されねばならないのか。」また当時，終身年金は14年購入価額で販売されるのがふつうであった，という。[40]

この課題を解くためにデ・ウィットは三つの仮説（Presuppoost）をおく。これは後で三つの定理（Propositie）としていい換えられるが，内容的に両者は同一である。この中では仮説Ⅰが重要である。

仮説Ⅰ　異なる価値を持ついくつかの物事への期待ないしチャンスの真の価格は，それが（一つまたは複数の同様な契約を通して）同一の期待ないしチャンスをもたらしてくれるようなものでなければならない。

ここでデ・ウィットは「期待ないしチャンスの価格」という言葉を使っているが，それは明らかにC.ホイヘンスの「チャンスの価格」と同一である。彼はC.ホイヘンスの理論を基礎に終身年金の現在価額を評価しようとしていたのである。ただしこれを具体化精緻化した定理Ⅰでは，それぞれ異なる額の貨幣や財と結びついたいくつかの同じ大きさのチャンスがある時，その（全体の）チャンスの価格は，それぞれの貨幣や財の価額の和をチャンスの数で除すことによって得られる，と述べられている。現代統計学の「期待値」と同じように計算されたものが，「チャンスの価格」とよばれていることに注目したい。

仮説Ⅱでは，4～53歳を人生の強壮期とした時，各年の前半と後半のいずれで死ぬかは投貨試行の表裏のように偶然で決まる，とされる。これと，「異なる額の貨幣や財と結びつく同じ大きさのチャンスがそれぞれ異なった数だけ存在する時，この〔全体の〕「チャンスの価格」は，それぞれの貨幣や財の価額とそれに結びつくチャンスの数との積和をチャンスの総数で除したものである」という定理Ⅱとをつなぐものは，各年齢での半年ごとの死亡数と彼らがそれまでに受け取った年金額（の現在価額）との積和を年金支給開始時の受給者数で割ると，この終身年金の現在価額が「チャンスの価格」として得られる，

という考えである。

そして仮説Ⅲでは，4歳から80歳までの生涯を4期に分け，それぞれで次のような半年ごとの死亡数が想定される。

第Ⅰ期（4〜53歳）　　d 人
第Ⅱ期（54〜63歳）　$2/3d$ 人
第Ⅲ期（64〜73歳）　$1/2d$ 人
第Ⅳ期（74〜80歳）　$1/3d$ 人

生涯の各期での半年ごとの死亡数はそれぞれ一定であり，かつ81歳になるまでに死に絶える，という仮定である。

以上の三つの仮説ないし定理に加えて，次の三つの前提をおく。

(1) 毎年，半年ごとに50万フローリンの年金が支払われるものとする（年額100万フローリン）。

(2) 各年齢で半年ごとに受け取る年金の現在価額 a_i（$i=0, \cdots, 153$）は，半年ごとの年金額 A（＝50万フローリン）を年利率4％で割り引いたものとする。すなわち，

$$a_i = \frac{A}{(1+0.02)^i} \quad (\text{ただし，} i=1, \cdots, 153, a_0=0)$$

であり，かつ半年単位での n 期までのその累積額を A_n とする。

$$A_n = \sum_{i=1}^{n} a_i$$

(3) 年金支給開始時にはちょうど4歳になったばかりの $128d$ 人の受給者がいたとし，半年ごとの死亡数は，54歳になるまでの50年間，63歳になるまでの10年間，73歳になるまでの10年間にそれぞれ d 人，$2/3d$ 人，$1/2d$ 人であり，最後の7年間は毎半年に $1/3d$ 人が死んで81歳になるまでに $128d$ 人は死に絶えるものとする。

この時，$128d$ 人の各人が死ぬまでに受け取る年金の総額を現在価額に還元すると，その額 X は次のようになる。

$$X = (A_1 + \cdots + A_{99}) \times d + (A_{100} + \cdots + A_{119}) \times \frac{2}{3}d + \\ (A_{120} + \cdots + A_{139}) \times \frac{1}{2}d + (A_{140} + \cdots + A_{153}) \times \frac{1}{3}d$$

$$= (\sum_{i=1}^{99} A_i + \frac{2}{3}\sum_{i=100}^{119} A_i + \frac{1}{2}\sum_{i=120}^{139} A_i + \frac{1}{3}\sum_{i=140}^{153} A_i) \times d$$

これを受給者一人当たりの額 x でみるためには，X を $128d$ で割ればよい。

$$x = \frac{X}{128d} = \frac{1}{128}(\sum_{i=1}^{99} A_i + \frac{2}{3}\sum_{i=100}^{119} A_i + \frac{1}{2}\sum_{i=120}^{139} A_i + \frac{1}{3}\sum_{i=140}^{153} A_i)$$

デ・ウィットは膨大な計算を重ねてこの x を求め，それが16,001.606フローリンとなることを示した。すなわち，この終身年金の価格はちょうど16年購入価額に相当するものであり，当時の14年購入価額という一般的な発売価格は，明らかに発売者にとって安すぎるし，購買者にとっては有利である——このような結論をデ・ウィットは導出したのであった。

以上みてきたように，デ・ウィットはC.ホイヘンスに従い，人口動態現象におけるある年齢での死亡をそれまでに受け取る年金と共に偶然に支配されるチャンスとして捉え，さらにその「チャンスの価格」を計算しようとした。そこでは，「チャンスの価格」がその出生の地たる運まかせゲームから離れ，人口動態という社会的集団現象を母胎とする終身年金の現在価額評価の問題，すなわち社会問題に初めて適用されている。トンチン年金ないし終身年金というリスクをはらむ財源調達に，デ・ウィットの指導する政府がいち早くふみ切ろうとしたことと合わせ，17世紀半ばの当時，最も先進的な海洋通商国家であったオランダという社会的背景を考慮に入れるべきであろう。

しかしそこでデ・ウィットが利用した生命表は，あくまで直観的に想定された極めて単純な形をとったものであった。一種のモデルにすぎないものである。その限りでデ・ウィットによる膨大な計算も，一つのシミュレーションにすぎない。重要なのは，デ・ウィットが生命表に関する限り，それが非常にシンプルな形の数量的秩序をとると信じていたようにみえることである。その意味では，大陸派合理主義の基盤の上に立っていた。

V　おわりに

　17世紀40年代以降，オランダはデカルトの母国以上にデカルト学の拠点であった。スピノザが生前唯一自己名で刊行した著作が『デカルトの哲学原理』であったこと，スホーテン親子がライデン大学でデカルト流の解析幾何学を講じ，C.ホイヘンス，フッデ，デ・ウィットの三人共その門下生であったことなどが，その例である。これを基盤にしながら，ないしこれとならんで，数学・物理学，生物学・医学，工業技術等の先進分野で，オランダは当時世界の尖端であった。またオランダの科学者とフランスやイギリスの学界との交流も盛んであった。

　このような環境のもとで，C.ホイヘンスにより「チャンスの価格」の計算が理論的に体系化された。さらにグラント生命表と人間の寿命との関係をめぐるホイヘンス兄弟の往復書簡をへて，数学者にして政治家たるデ・ウィットによって「チャンスの価格」の方法が終身年金の現在価額評価に適用され，現在価額が具体的に計算された。ギャンブルの勝ち負けや賭金配分問題から生まれた「チャンスの価格」の方法が初めて社会問題に適用されたことに関しては，終身年金の発売が最初に提案されたフランスではなくオランダで取り上げられたことと合わせ，海洋通商国家オランダという社会的背景を考慮に入れる必要がある。この点は，すでに述べた通りである。われわれは，C.ホイヘンスの「チャンスの価格」と同じ内容を持つ「勝負の値」という方法をC.ホイヘンスよりも先に考えたパスカルが，それを神の存在証明に適用しようとしたことを，その対照的な例として示した。

　しかし，政治算術学派の経験的確率と大陸派の先験的確率との交錯をこの時代のオランダで具体的にみようという本章の課題からすると，デ・ウィットにより「チャンスの価格」の方法適用の素材として利用された生命表が直観的に想定された機械的なものであったということは，一つの大きな問題点である。ただしグラントの生命表も，その基本においては観念的に想定されたものであった。ダストンが強調するように，18世紀に入っても数学者や政治算術学派

のほとんどは，複雑な人口現象の裏に単純で美しい数量的秩序が存在するはずだ，と考えていた。[42]グラントやデ・ウィットもその例外ではなかったのである。

しかし本章では取り上げられなかったが，フッデはデ・ウィットの機械的な生命表に対して，アムステルダムの終身年金加入者の経験的データにもとづいたコメントを加えている。また18世紀半ばのオランダの数学者であるストルイクは，終身年金の現在価額評価はハレーの生命表のような経験的なものにもとづいてなされるべきであると強調した。[43]ダストンは，死亡率を初めとする人口動態の安定性に関し，具体的な統計資料の持つバラツキを無視して数量的秩序を求めようとする人々の代表としてジュースミルヒを，逆に統計資料の個々のバラツキを重視する人々の代表としてストルイクをあげている。[44]

われわれは，さらに時代を広げて検討する必要があるであろう。

注

(1) 本書付論参照。
(2) Huygens, C. (1660).
(3) De Witt (1671).
(4) スピノザ，畠中尚志訳 (1958) 179-190頁。C.ホイヘンス宛の書簡は，Huygens, C. (1888-1950) Vol. 7, 書簡番号1829, 1830。
(5) グラント, J., 久留間鮫造訳 (1968) 15-19頁。
(6) 以下の記述を含め，C.ホイヘンスの生涯については，Hald, A. (1990) による。
(7) C.ホイヘンスは，スホーテンへの謝辞の形をとったその論文の「はしがき」で，この「チャンスの価格」の方法がフランスの数学者に始まるものである，と述べている。Huygens, C. (1888-1950) Vol.14, pp.58-59.
(8) Bernoulli, J. (1975) Bd. 3. なお, *Ars conjectandi* の復刻版が，1968年にブリュッセルの Culture et Civilisation から刊行された。
(9) Bernoulli, J. (1899) 及び C.ホイヘンス, 長岡一夫訳 (1981) 参照。
(10) Huygens, C. (1888-1950) Vol.14, pp.62 ff., 引用は命題Ⅰも含めて 62-63頁。なお〔　〕内は引用者の挿入，以下同じ。
(11) *ibid*. pp.65-66.
(12) *ibid*. p.63. なお,『C.ホイヘンス全集』のフランス語版は，C.ホイヘンスのオランダ語原文に従っているのに対し，ハウスナーのドイツ語訳はスホーテンのラテン語訳に従っており，expectatio に Hoffnung をあてている。Bernoulli, J. (1899) S. 4.

⒀　Daston, L. (1988) Chap.1.
⒁　『新法学辞典』488頁。
⒂　Daston, L. (1988) p.21.
⒃　『パスカル全集』第1巻，309-310頁。
⒄　同上，第3巻，154-162頁。
⒅　Hacking, I. (1975) Chap.8. なお，伊藤邦武 (1997) 11-20頁にハッキング説へのコメントがある。
⒆　吉田忠 (1974) 64頁。
⒇　『パスカル全集』第3巻，156-157頁。
(21)　同上，157頁。
(22)　同上，157頁。
(23)　Hacking, I. (1975) p.68.
(24)　例えば，チャーノフ，モーゼス，宮沢光一訳 (1960) 142-45頁を参照。
(25)　三木清 (1926) 68頁。なお，三木清がここで「意志決定」という言葉を使っている点に注目すべきである。
(26)　Arnauld and Nicole (1996) Chap.16.
(27)　グラント, J., 久留間鮫造訳 (1968) 94-95頁。
(28)　同上，49-50頁。
(29)　同上，52-53頁。
(30)　Hald, A. (1990) p.102.
(31)　Huygens, C. (1888-1950) pp.482 ff.
(32)　x歳の生存者数をℓ_x，x歳までの1年間の死亡者数をd_xとする。一般に平均寿命e_0は，
$$L_x = \frac{1}{2}(\ell_x + \ell_{x+1}), \quad T_0 = \sum_{x=0}^{\infty} L_x$$
において，
$$e_0 = \frac{T_0}{\ell_0}$$
として求められる。かりに，$L_x = \ell_x$とすると，
$$e_0 = \frac{1}{\ell_0} \sum_{x=0}^{\infty} \ell_x$$
となり，$d_x = \ell_{x-1} - \ell_x$だから，
$$\frac{1}{\sum_{x=1}^{\infty} d_x} \sum_{x=1}^{\infty} x d_x = \frac{1}{\ell_0} \{(\ell_0 - \ell_1) + 2(\ell_1 - \ell_2) + 3(\ell_2 - \ell_3) + \cdots\}$$
$$= \frac{1}{\ell_0} \sum_{x=0}^{\infty} \ell_x = e_0$$
である。
(33)　グラント, J., 久留間鮫造訳 (1968) 118頁。

(34) C.ホイヘンスのいうように，100人中90人が6歳までに死に，残る10人が152年2カ月生きるとすると，平均寿命は18.22歳ではなく17.92歳となる。またここでいうネストールは，ギリシャ神話でのピュロス王でトロイ包囲戦争の将軍の一人，人間の3倍の生涯を生きたとされる。メトシェラは，ノアの洪水以前のユダヤの族長で969年生きたとされる。

(35) デ・ウィットの生涯と業績についての文献は多いが，ここでは Barnwell, R. G. (1856) を参考にした。

(36) 以下，トンティとトンチン年金については，ブラウン, H., 水島一也訳 (1983) 75-83頁，による。

(37) 浅谷輝雄 (1957) 28-29頁。

(38) Hendriks, F. (1852) によると，4月25日に議会で終身年金を取り上げることが決まり，7月30日にデ・ウィットの提案が承認された，という。

(39) Bernoulli, J. (1975) SS.329-350, Hendriks, F. (1852) pp.232-250, Barnwell, B. G. (1856) pp.88-108.

(40) Bernoulli, J. (1975) S.329. なお，オランダ語の原文とヘンドリックスの英訳は以下の通りである。Lyf-renten verkoft werden tegens den Penningh veerthien. Life annuities are sold at 14 year's Purchase.

(41) スピノザ，畠中尚志訳 (1959)。

(42) Daston, L. (1988) pp.130-132.

(43) Hald, A. (1990) pp.126-127, 394-396.

(44) Daston, L. (1988) p.130. なお，K.ピアソンは，ストルイクの業績を次のように評価する。「私の見解では，ストルイクは人口動態統計の分野でジュースミルヒよりも重要な先駆者である。彼はグラントとハレーからスタートし，近代保険数理学を建設した。また，数学者という優位性を持っており，その著述に神学的意図を持ち込むことはなかった。……もし〔オランダではなく〕英，仏，独のいずれかで生まれていたならば，彼の知名度とその論文の名声は比較にならぬほど大きくなっていたであろう。」(Pearon, K. (1978) p.347.)

参考文献

① Arnauld and Nicole (1996) *Logic or the Art of Thinking*, translated by J. V. Buroker, Cambridge.
② Barnwell, B. G. (1856) *A Sketch of the Life and Times of John De Witt*, N.Y.
③ Bernoulli, J. (1975) *Die Werke von Jakob Bernoulli*, Bd. 3, Basel.
④ Bernoulli, J. (1899) *Wahrscheinlichkeitsrechnung*, übersetzt von R. Haussner, Leipzig.
⑤ Daston, L. (1988) *Classical Probability in the Enlightenment*, Princeton.
⑥ De Witt (1671) *Waerdye van Lyf-renten near proportie van Los-renten,*

's-Gravenhage.
⑦ Hacking, I. (1975) *The Emergence of Probability*, Cambridge.
⑧ Hald, A. (1990) *A History of Probability and Statistics and their Applications before 1750*, N.Y.
⑨ Hendriks, F, (1852) "Contribution to the History of Insurance, and of the Theory of Life Contingencies, with a Restoration of the Grand Pensionary De Witt's Treatise on Life Annuities", *Assurance Magazine*, Vol. II .
⑩ Huygens, C. (1660) *Van Rekeningh in Spelen van Geluck,* Amsterdam.
⑪ Huygens, C. (1888-1950) *Oeuvres Complètes de C. Huygens,* Sociètè Hollandaise des Sciences, 's-Gravenhage.
⑫ Pearson, K. (1978) *The History of Statistics in the 17th and 18th Centuries*, London.
⑬ 浅谷輝雄 (1957)『生命保険の歴史』四季社。
⑭ 伊藤邦武 (1997)『人間的な合理性の哲学』勁草書房。
⑮ グラント, J., 久留間鮫造訳 (1968)『死亡表に関する自然的および政治的諸観察』第一出版。
⑯ 『新法学辞典』(1991) 日本評論社。
⑰ スピノザ, 畠中尚志訳 (1958)『スピノザ往復書簡集』岩波書店。
⑱ スピノザ, 畠中尚志訳 (1959)『デカルトの哲学原理』岩波書店。
⑲ チャーノフ, モーゼス, 宮沢光一訳 (1960)『決定理論入門』紀伊國屋書店。
⑳ 伊吹武彦ほか監修『パスカル全集』(1959) 人文書院。
㉑ ブラウン, H., 水島一也訳 (1983)『生命保険史』明治生命100周年記念刊行会。
㉒ C. ホイヘンス, 長岡一夫訳 (1981)「サイコロ遊びにおける計算について」*Bibliotheca Mathematica Statisticum*（ALZAHR 学会）第26号。
㉓ 三木清 (1926)『パスカルにおける人間の研究』岩波書店。
㉔ 吉田忠 (1974)『統計学―思想史的接近による序説―』同文舘出版。

第2章
C. ホイヘンス『運まかせゲームの計算』について

I　はじめに

　クリスチィアン・ホイヘンス（Christian Huygens, 1629-95，以下ホイヘンス）が，賭け事をめぐるパスカル＝フェルマーの往復書簡をもとに書いた『運まかせゲームの計算』（*Van Rekeningh in Spelen van Geluck*, 1660）は，「運まかせゲーム」に関して基本問題からより複雑な問題へと順に14の命題（問題）を選んで示し，それに解説と解答を与えたものであり，さらにその付録にはより複雑な5つの問題が解説・解答抜きで示されている。これは，確率に関して書かれた初めての著作であっただけでなく，ホイヘンスのライデン大学での恩師であるファン・スホーテン（Frans van Schooten, 1615-1660，以下スホーテン）によってラテン語に翻訳され，彼の数学教科書『数学演習』（*Exercitationum Mathematicarum*, 1657）に収められたことにより，18世紀に至るまで標準的な確率論のテキストとして各国で広く利用された。この歴史的な著作は，多くの統計学史・確率論史でたびたび取り上げられ，論じられてきた。にもかかわらず改めて取り上げるのは，次のような問題が残されていると思うからである。

　ヤコブ・ベルヌーイ（Jakob Bernoulli, 1654-1705，以下ベルヌーイ）は確率論の大著『推測法』（*Ars conjectandi*, 1713）を書いたが，その第I部にホイヘンスの著作を再録して命題に別解や注釈を加え，さらに付録の5問に解を与えた。問題は，ベルヌーイが最後の命題14に関し「ホイヘンスは，命題13まで常に純粋に総合的に（synthetisch）解を求めてきたが，この問題で初めてやむをえず解析（analysis）を使わねばならなかった。これまでの問題では，求める期待値はすべて他の既知の期待値から得られた。……それら既知の期待値は，今求

めようとしている期待値には依存せずに得られたものである。……しかしこの最終命題では，事情が異なっている。なぜなら，ゲームの順がBに来たときのAの期待値は，……Aに順番がきたときのAの期待値を知らない限り，得られない。このように両者の期待値が知られていない場合でも，もし解析の方法に依拠すれば……それらを知ることができる。」と述べている点である。[1]

すなわち，単に基本的なものから複雑なものへと並べられているように見える14個の命題も，ベルヌーイによれば，基本的な問題から総合的に上向したものであるが，最後の命題14に至ってそれは中断され，解析による下向に依存せざるをえなくなった，というわけである。まず，これが確かめられねばならない。さらに，命題13までが純粋に総合で解かれているとしたら，その前提には自明とされる公理が証明なしでおかれているはずである。ホイヘンスはどのようなものを公理とし，どのような根拠でそれを自明としたか。

その上で，ここでの解析が『方法序説』においてデカルトが重視した分析とどのように関連しているかが問われねばならない。ベルヌーイのいう総合と解析の方法は，このデカルトの方法論，とくに幾何学を始めとする数学に適用された場合の方法論とどのように関わるかという問題である。スホーテンはデカルトの知己で彼の『幾何学』のラテン語への訳者であったが，ホイヘンスは，デ・ウィット（de Witt, 1625-1672），ヨハネス・フッデ（Johannes Hudde, 1628-1704）と共にライデン大学で彼に学んだ。そのスホーテンは，ホイヘンスの小著収録に際しその「はしがき」でこう述べている。この教科書では，代数学によって発見された美しい成果を示してきたが，その方法の拡大のためにホイヘンスの論文を載せる。そこでは私も使ってきた解析の方法が駆使されており，読者にとって大いに有益であろう，と。[2]

最後にこの問題は，幾何学における総合と解析という方法にも関わっている。ユークリッド流の幾何学がその公理を基礎にした総合の方法をとるのに対し，作図では解析の方法がとられると言われるが，この見地からも上記の問題は検討されねばならない。

以上が，ホイヘンスの小著を改めて取り上げようとする問題意識である。

II 『運まかせゲームの計算』の概要

1 ホイヘンスが前提とする仮定

　ホイヘンスはその小著の冒頭で，次のように述べる。運まかせゲームでは事前にその勝敗の可能性の大きさを計算することができる。さらにその結果に関して何かを得たり失ったりする場合，ゲームに参入したり離脱したりする時正当に支払うべきあるいは受領すべき金額をこの計算をもとに算出することができる。即ち，運まかせゲームで何かを得たり失ったりするチャンスは，それぞれの条件に応じて一定額の価値を持っている。これが「チャンスの価格」(de waerde van kans（蘭），the value of chance（英））である（これはいわゆる「期待値」にあたるものだが，チャンスの価格は，確率変数と確率とを区別しない未熟な考え方と見る前に，当時は独自の意味を持っていたことに注意せねばならない）。続けて彼は，このチャンスの価格がどう決まるかについて述べる。

　人がある運まかせゲームであるものを得たり失ったりするチャンスは，一つの価値を持っている。即ち誰かがこれと同額の価値を持っていれば，公正なゲームによって，上と同じチャンス（同じゲームで同じものを得たり失ったりするチャンス）を入手することができるようなものである。ここで公正なゲームとは，どちらにも不利であることはないようなゲームである。（彼は次のような例を挙げる）ある人が片手に3エキュ，他方に7エキュを隠し持っており，私はどちらかを選んでそのお金をもらうことができるとする。この提案＝チャンスは，私にとって確実に5エキュを手にしていることと同じ価値を持っている。実際，私が5エキュを持っていれば，公正なゲームを通して，等しい可能性で3エキュか7エキュをもらえるという先のチャンスを入手することができるからである。

　以上の叙述は原文を少し意訳したものであるが，一般論の場合でも例示の場合でも傍点部分はいささか理解し難い。ホイヘンスはなぜこれを公理に準ずる仮定としたのであろうか。もちろんヒルベルト流の公理主義数学以前であるから，そこでの仮定は合理的な者にとって証明なしに自明であるものでなければ

ならない。しかしこれは決して自明ではない。

　まず「運まかせゲームにおけるチャンスがある価値を持つ」という前段に関してである。それには，中世以降の契約法で「リスクを含む取引での公正な契約」という概念が確立されていたこと，とくに地中海貿易の復活後，「危険の大きさと結果に伴う価値との複合物」に関する取引でも質的合理的な意味で公正な契約がある，という考え方を当時の法律学者はとるようになっていたこと，これらが前提に置かれなければならない。この「公正な価格」を数量化しようとする試みこそ，パスカル＝フェルマーからホイヘンスに至るチャンスの価格の探究であった。だからこそ期待値を分解することなく，チャンスの価格それ自体を求めようとしたのである。(3) この概念を前提にすると，上記傍点部分は次のように理解されるであろう。

　ホイヘンスは，公正であることが自明であるゲームでのチャンスの価格から出発する。例えばA，B両人がX円ずつを拠出して行う勝敗の可能性が等しいゲームで，勝てば$2X$円を得，負ければゼロになるとする。この運まかせゲームは明らかに公正であり，かつそのチャンスの価格はX円である。そこで自明とされたのは，勝敗の可能性とそれに伴う得失に関してだれが見ても公正なゲームが存在し，それはだれが見ても公正なチャンスの価格を持っているということであった。加えてそれが，運まかせゲームとそのチャンスの価格の数学的な展開を最も基礎的なところで人の経験や判断と結びつける原理とされている。次に「所与の運まかせゲームにおけるチャンス」をこの「公正な運まかせゲームにおけるチャンス」に変換することができること，そしてそれによって「後者のチャンスの価格」をもとに「前者のチャンスの価格」が導出できること——これが第二の自明な仮定であり，これらの仮定こそ上記の傍点部分の含意であった。ホイヘンスの著作の内容は，この「仮定」と「単純な運まかせゲームの価格」から「より複雑な運まかせゲームの価格」を数学的に導出していくことにあった。まず命題1から見てみよう。

2　ホイヘンスによるチャンスの価格の計算

（ⅰ）命題1では，最も基本的な運まかせゲームに関して上記の仮定を前提にチャンスの価格が求められる。それを原文（蘭）から訳すと，次のようにな

第 2 章　C. ホイヘンス『運まかせゲームの計算』について　33

る。「命題1．私が a か b かを得る同じチャンスを持っている時，それは私に $(a+b)/2$ の価値がある。」(傍点引用者) ここでホイヘンスは，「チャンス」の語を二つの意味で使っている。前の傍点部分は「同じ大きさの可能性」であり，後の傍点部分は「同じ大きさの可能性で a か b かを得られるチャンス」である[4]。だからこの命題は正確には「私が同じ大きさの可能性で a か b かを得るチャンスを持っている時，私にとってこのチャンスの価格は $(a+b)/2$ である。」となる。これに対するホイヘンスの証明である。「私はこのチャンスの価格を X とおく。そのとき，もし私が X を所持しているとしたら，公正なゲームによってこれと同じチャンスを新たに入手できるようなものでなければならない。」これに次のような具体化が続く。私と相手が同額の X 円を賭けて公正な運まかせゲームをするとしよう。勝者は掛金全額の $2X$ 円を得るが，そのうちの a 円を敗者に与えるとする。すなわち私も相手も勝てば $(2X-a)$ 円，負ければ a 円を得ることができる。ここで $2X-a$ 円を b 円とおけば，両者とも上記命題1と同じチャンスの価格をもつことになる。そこで $2X-a=b$ とおいて解くと，チャンスの価格 X は，$X=(a+b)/2$ となる。

では先述の仮定は命題1をどのように基礎づけるか。その仮定は，まず「公正な運まかせゲームとそこでの公正なチャンスの価格がある」であり，さらに「所与の運まかせゲームでのチャンスをこの公正な運まかせゲームでのチャンスに変換でき，そして前者のチャンスの価格は後者のチャンスの価格から導出される」というものであった。具体的には，(イ)相互に X 円を出し合って等しい可能性の運まかせゲームに賭けるとき，そこでの公正なチャンスの価格が X 円である。(ロ)この公正な運まかせゲームは，そのチャンスの価格を変えぬまま命題1の運まかせゲームに変換できる。(ハ)所与のゲームのチャンスの価格は，公正な運まかせゲームのそれから得られる[5]。

次の命題2は，「同じ大きさの可能性で a か b か c かを得ることができる時，このチャンスの価格は $(a+b+c)/3$ である」であり，命題3は「同じ大きさの p 個のチャンスで a を得，q 個のチャンスで b を得ることができるとき，このチャンスの価格は $(pa+qb)/(p+q)$ である」である。いずれも命題1に劣らぬ重要な命題である。

命題2の証明は命題1と同じく，先の仮定から直接導出される。私を含む

A，B，CがX円を出し合い，勝者が$3X$円を手にするという公正な運まかせゲームで，そのチャンスの価格はX円だ，ということから出発する。そして勝者がAのとき$3X$円のうちBにa円，Cにb円を与え，勝者がBのときCにa円，Aにb円を与え，勝者がCのときはAにa円，Bにb円を与えるとする。この新しい運まかせゲームでのチャンスの価格は上の公正な運まかせゲームのそれと同じである。これを命題2の運まかせゲームに等値させ，$3X-a-b$をcとおくと$X=(a+b+c)/3$円となる。

命題3の証明も基本的には同じである。私を含む$(p+q)$人がX円を出し合い，勝者が$(p+q)X$円を得るという運まかせゲームのチャンスの価格はX円である。参加者をp人とq人のグループに分け，私はp人のグループに入る。私を始めp人のグループに属する者が勝者になった時は，そのグループの者にa円を，他のグループの者にはb円を与えるとする。私の場合，1個のケースで$\{(pX+qX-(p-1)a-qb)\}$円，$p-1$個のケースでa円，q個のケースでb円を得る（これは，p人のグループに属する者総てに共通する）。これを所与の命題の形に等値させるには，$\{(pX+qX-(p-1)a-qb)\}=a$とすればよい。これを解くと$X=(pa+qb)/(p+q)$となる。

このようにホイヘンスは，公正な運まかせゲームとそこでのチャンスの価格の存在という仮定に基づき三つの基本的な命題を導出した。

(ii) 続く命題4―9は，パスカル＝フェルマーの往復書簡で最初に取り上げられた運まかせゲームにおける「配分問題」である。命題4はそこで有名な「甲と乙が勝敗の可能性が等しいゲームを繰り返すとし，先に3勝した方が両者の出した賭金を全部得るという運まかせゲームで，甲が2勝1敗のままゲームを中断する時，両者は賭金をどう配分するのが公正か」という問題である。命題5は「上の問題で甲が2勝0敗で中断する時」の配分問題，命題6は「同じく，甲が1勝0敗で中断する時」の配分問題である。ただし，命題5は（賭金を得るのに）「甲はあと1勝，乙はあと3勝せねばならぬ時」，命題6は「甲はあと2勝，乙はあと3勝せねばならぬ時」の配分問題とされ，さらに命題7では「甲はあと2勝，乙はあと4勝せねばならぬ時」の配分問題が取り上げられる。命題8は，参加者を甲，乙，丙の3人とし，「甲と乙はあと1勝，丙はあと2勝せねばならぬまま中断した時」の配分問題である。最後の命題9では，

問題を一般化してある人数が参加する運まかせゲームで，各人の必要な勝数がそれぞれある数である時の配分問題が取り上げられている。

まず命題4であるが，賭金の合計をaとすると，次のゲームで甲が勝てば3勝してaを得，負ければ2勝2敗となって半額の$(1/2)a$を得る。従って命題1により2勝1敗の状態の甲のチャンスの価格は，$\{a+(1/2)a\}/2=(3/4)a$となる。命題5は，次に乙が勝つと命題4と同じになること，及びそれに命題1を適用することで解くことができる。命題6は同じようにして命題5に還元できることから解ける。また命題7は，それが命題6に還元されること，及び命題5から「甲があと1勝，乙があと4勝せねばならぬ時」が導出されることを用いて解きうる。いずれの場合も，最後には命題1が利用される。命題8は，次のゲームで甲，乙，丙のそれぞれが勝つ場合の甲の取り分を求め，それに命題2を適用すればよい。命題9は，所与の人数のプレーヤーがそれぞれある「勝数不足」を持つ時，より単純なケースに還元して各人のチャンスの価格を求める問題であるが，ホイヘンスはその一般式は与えずに甲，乙，丙の3人の勝数不足数（1，1，2）から出発して（2，3，5）まで不足数が増加する場合のチャンスの価格を順に示すにとどまっている[6]。こうして命題4―9の「配分問題」は，命題1―3に基づき演繹的に導出される。

命題10―12は，「ゲームの繰り返し回数の問題」即ちある事象の起きる確率がある大きさ以上になるのに必要な回数を求める問題である。命題10は「サイコロを何回投げると6の目を1度出せるか」，命題11は「2個のサイコロを何回投げると2個の6の目を1度出せるか」，命題12は「何個のサイコロを投げると，1回で2個の6の目を出せるか」であるが，ここで「……を1度出せるか」は「……を少なくとも1回出す確率が1/2より大になるか」という意味である。このようにホイヘンスは常に「ある事象の起きる確率が1/2以上か以下か」を問題にするが，それは，彼が勝敗の可能性の等しいゲームをチャンスの価格計算の基礎においたことと無関係ではないと見てよいであろう[7]。

まず命題10である。現在この問題は，まずサイコロをn回投げて1回も6の目が出ない確率を求めてそれを1/2より小にするnを求める，という形で解かれるが，ホイヘンスは命題3を用いて次のように解く。まず最初の1回目のサイコロ投げでは，1通りでaを得，5通りでゼロだから，命題3により

$(1 \times a + 5 \times 0)/6 = a/6$ がそのチャンスの価格になる。2回投げる場合は，最初の投げで6の目が出るとaを得，6以外の目の時は次のサイコロ投げで6の目の出るチャンスの価格$a/6$を得ることになるから，2回投げて少なくとも1回6の目が出るチャンスの価格は同じく命題3を用いて $\{1 \times a + 5 \times (a/6)\}/6 = (11/36)a$ となる。これを繰り返すと，4回投げるとした時のチャンスの価格が $(671/1296)a$ となり，賭金を得るチャンスの大きさが$1/2$を越えることになる。命題11も全く同様であるが，違うのは1回サイコロを投げて1通りでaを，35通りでゼロを得る点である。ホイヘンスは面倒な計算を繰り返して，25回繰り返すとしたときに賭金を得るチャンスの大きさが$1/2$を越えることを示した。

命題12では，2個のサイコロを投げて6のゾロ目でaを得るのは1通り，ゼロの場合は35通りであり，そのチャンスの価格は命題3から$a/36$である。3個のサイコロを投げる場合は，最初の1個が6の目の時と6以外の目の時とに分ける。前者のチャンスの価格は命題10によって$(11/36)a$であり，後者のそれは命題11の1回投げの場合から$a/36$であり，この場合のチャンスの価格は命題3から $\{(11/36)a + 5(1/36)a\}/6 = (2/27)a$ となる。ホイヘンスはここまで計算し，あとは同じようにしていけばよいと結んでいるが，ベルヌーイは注釈で必要回数を求める一般式を得意の組合せ論を用いて与えた。[8]

命題13の「2個のサイコロを1回投げて目の和が7の時私の勝ち，10の時は相手の勝ち，それ以外は引き分けで賭金は等分だとする。この時，私の取り分（私のチャンスの価格）を求めよ。」では，6通りで賭金aを得，3通りでゼロ，27通りで$(1/2)a$を得るから，命題3より私のチャンスの価格$= (13/24)a$が得られる。

(iii) こうして命題13までの解は，仮定と命題1－3を用いて総合的に得られた。問題は命題14である。これは，「私と相手が二つのサイコロ投げを交互に行う運まかせゲームで，相手が先に始めるとし，相手が先に目の和6を出したら相手の勝ち，私が先に目の和7を出したら私の勝ちとする。そこで，相手のチャンスの価格と私のチャンスの価格との比を求めよ。」であるが，ホイヘンスの解は次のようなものである。

まず，私が投げる番での私のチャンスの価格と相手の番での私のチャンスの価格とを区別する。ゲーム開始時の私のチャンスの価格は相手の番でのそれ

と同じであるが,これを X とする。また私の番での私のチャンスの価格を Y,得る掛金を a とする。相手の番の時,5通りで相手が勝ち31通りで私に順番が回ってくるから, $X = (5 \times 0 + 31Y)/36 = (31/36)Y$ という関係が得られる。私の番では6通りで a を得,30通りで相手に順番が回っていく。従って, $Y = (6a + 30X)/36$ である。

$$X = (31/36)Y$$
$$Y = (6a + 30X)/36$$

この連立方程式を解き,所与のゲームでの私のチャンスの価格 X を求めると $X = (31/61)a$ となる。そこでの相手のチャンスの価格は $a - X = (30/61)a$ となり,従って私と相手とのチャンスの価格の比は31:30となる。

既述のようにベルヌーイは命題14で「初めてやむをえず解析を使わねばならなかった」と述べたが,それは,ゲーム開始時の私のチャンスの価格 X と私の番での私のチャンスの価格 Y との相互依存関係を表す連立方程式を解いて目的の X を求める方法であった。実はこの方法は,ホイヘンスの付録5問の解にも適用される。

例えば付録問題1「AとBが次の条件で2個のサイコロを投げる。Aが目の和6を,Bが7を先に出したら勝ちとし,まず先にAが1回投げた後,Bが2回投げ,続けてAが2回投げる。以下,どちらかが勝つ迄交互に2回ずつ投げるとする。この時,AとBとでのチャンスの価格の比を求めよ。」である。この問題は,哲学者スピノザによって1660年代半ばに取り上げられた。[9] 19世紀後半に発見された彼の小著"Reeckening van Kanssen"(『チャンスの計算』)では,まずホイヘンスの付録5問が列挙された後,その第1問が取り上げられている。そしてデカルト『方法序説』第2部の方法原則第2「問題を分割せよ」を適用して,問題1を,同じ勝ち負け条件のもとで「Bから始め,BとAが2回ずつ交互に投げる場合」と「最初にAが1回,次のBからは2回ずつ交互に投げる場合」との二つに分割する,とした。前者は,2個のサイコロを2回ずつ投げる点と先手後手の間で勝つ目の和が逆である点とを除けば命題14と同一であり,後者は問題1そのものである。だからスピノザは,問題を分割したというよりも所与の問題に新たな問題を前置しただけである。

まず前者に関して,ゲーム開始時のAのチャンスの価格を X, Aの番でのA

のチャンスの価格を Y とすると，命題14と同様にして次の両式が得られる。

$X = (25/36)Y$

$Y = (335/1296)a + (961/1296)X$

両式を解いて，$X = (8375/22631)a$ が得られる。次に後者である。これは，前者の前に「Aが1回投げる」が加わったゲームである。だからAは，5通りで勝って a を得，31通りで X を得る。これに命題3を適用すると，Aのチャンスの価格は $\{5a + 31 \times (8375/22631)a\}/36 = (10355/22631)a$ となり，チャンスの価格の比は10355：12276となる。

以上が付録問題1のスピノザによる解法であるが，見ての通り命題14でのホイヘンスの方法と基本的に同じである。なお，ベルヌーイはこの問題にスピノザと異なる方法で解を与えているが，その方法は同じく連立方程式を解くものであった。だから以下，ベルヌーイが解析と呼んだ方法をこのようなものとして捉え，デカルトの分析と比較しながらその検討を進めたい。なお，問題1を含めて付録の5問にはその他にも論ずべき点が多々あるが，その検討は稿を改めて行う。

Ⅲ　ホイヘンスにおける解析とデカルトの分析

1　デカルトにおける分析と総合

ベルヌーイがホイヘンスの方法に関して総合的と解析的とを区別した時，それはデカルトにおける分析と総合の方法を前提にしていたと考えられる。周知のようにデカルトはその方法を，幾何学の方法に古代の解析と（それを含む）中世以降の代数との方法を対峙させながら提示した。この点は，『精神指導の規則』の規則第5，第6，第7だけでなく，スピノザも引用した『方法序説』第2部における「四つの方法原則」においてもまた『省察』の第2反論への答弁での「二重の証明の方法」でも同じように見られる[10]。

しかしそこでの分析と総合の定義は，発見の論理と証明の論理という学問一般の方法論から離れて数学の問題を解く方法として見ようとすると，必ずしも明解なものではない。『方法序説』の第2，第3原則は命題を論理的に分解，

再構成する際の手続きの一般的説明にとどまるように見え，また『省察』の第２反論への答弁においても，分析と総合の語が明示的に使われているにもかかわらず，その定義は曖昧である。最後の『精神指導の規則』では，複雑な命題を単純なものに還元するに際し帰納や枚挙の語が使われているが具体的ではない。いずれにしても，数学の方法として有効であるとは言いがたい。

しかし，このデカルトの分析と総合を数学の方法に引きつけて捉えた人もいた。その一人は野田又夫である。野田はその著書『デカルト』で述べる。デカルトは，方法のモデルを当時の論理学よりは数学に，しかも「定義と公理から出発して諸定理を証明する」ユークリッド幾何学にではなく，「未知の命題を発見する方法形式」としての「作図題の解を発見するときの手続き，……幾何学で「解析」と呼ばれる手続き」に求めた。「解析」は，「『証明』とは逆のやり方であって，図形がすでに与えられたと仮定して，それの条件にさかのぼって行き，すでに知られた条件に達する（すでに知られている作図法に達する）ことである。」所与の定理を，定義と公理及び既に証明された定理に基づいて演繹的に証明する方法が証明＝総合，所与の作図題が描けたとし，それから，それをもとに上記作図が可能となるようなより簡単な図形を探し出す方法が分析＝解析だとしたのである。

幾何学の作図は普通，①それから所与の図形が作図できるより簡単な図形を見出す解析，②所与の図形を具体的に描く手続きとしてのアルゴリズム，③より簡単な図形から所与の図形を論理的に導く過程を示す証明，④これ以外に解のないことを示す吟味に分けられる。上記の作図題の解はこのうちの解析にあたる。

これと同じ方法論を明示的に示している幾何学のテキストに，佐々木重夫『幾何入門』（岩波全書）がある。佐々木は，幾何学の方法を「総合的方法」と「解析的方法」とに分けた。P がこれから証明すべき命題，A_i は公理体系，B_j は P に関する仮説，C_k，D_l は A_i，B_j（及び既に証明されている C_k'，D_l'）に基づいて証明される命題とし，図2-1のように，A_i，B_j から P までそれぞれの命題が真であることを順次証明していくのが総合的方法である。佐々木氏によれば「公理 A_1，A_2，…と仮説 B_1，B_2…から次々と必要条件の系列を作って P に達する証明法である……。」これに対し，P から出発し「P なるための十分条

図2-1　総合的方法と解析的方法

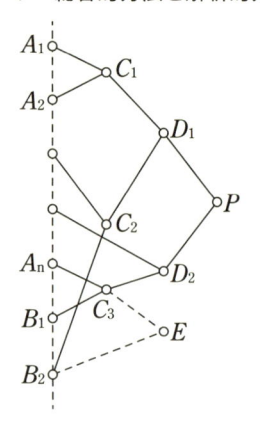

(A_i, $B_j \to P$ = 総合的方法，$P \to A_i$, B_j = 解析的方法)

図2-2　作図の過程（$F \to A_i$）

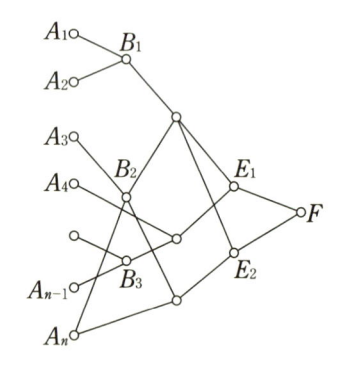

件であるような D_1, D_2 を見つける」，さらに十分条件を求めて折れ線を左にたどり，公理 A_i，仮説 B_j もしくは既に真と証明されている定理 C_k に達するまでそれを続ける。これが解析的方法であり，両者の違いは必要条件を求めていくか十分条件を求めていくかにある，とした。

この解析的方法が適用される問題が作図の解析である。図2-2で，作図題を満たす図形を F とし，まず「F を，…（作図可能でそれから F が作図できるような）E_1, E_2 に分解する。…E_1, E_2 についても同様なことを行う。」最後に F を構成している点，直線，円等を，即ち作図の公準である基本作図を表すような A_1, A_2, …, A_n に達する。こうした分解過程が解析，そして実際に作図を行った後，画かれた図形が作図題の条件を正しく充たしているかどうかを基本作図をもとに証明していく過程が総合である。

これが佐々木の示す幾何学での総合と解析である。一方，デカルトは彼の分析と総合を数学でどのように使っているのだろうか。それを『方法序説』の「本論」である『幾何学』に具体的に見てみよう。[14]

2　デカルト『幾何学』における解析的方法

『幾何学』は，第1巻「円と直線だけを用いて作図しうる問題」で2次方程式の解の作図等を扱った後にパップスの問題を取り上げ，それを梃子に，円錐曲線から始まる第2巻「曲線の性質」へ移り，各種の曲線を取り上げる。最後

の第3巻では3次元以上の方程式の根の作図等が扱われている。デカルトの「普遍数学」である解析幾何学の本格的展開は第2，3巻であるが，その方法論の基本は第1巻の例題でも見ることができる。

図2-3　平方根の作図

第1巻は，所与の直線の積，商，平方根の作図から始まり，2次方程式の根の作図に進む。文字通り作図の問題であるが，デカルトがどのように解いたかを先の佐々木氏の方法論と突き合わせながら見てみよう。ここでは所与の直線の平方根の作図と2次方程式 $z^2 - az - b^2 = 0$ の根の作図とを取り上げる。

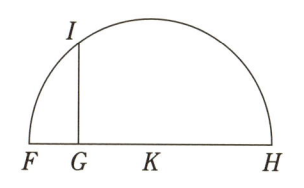

図2-4　2次方程式の根の作図

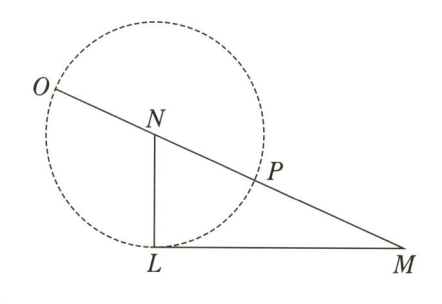

デカルトは，直線 GH（$=a$）の平方根に関して図2-3のように，GH に「（長さ1の）FG を加え，FH を点 K で二等分して，K を中心とする円 FIH を画き，点 G から FH と直角に直線を I まで立てる。GI は求める根である。」と述べる。また，2次方程式の根に関しては，図2-4をもとに述べる。「直角三角形 NLM を作って，辺 LM を既知量 b^2 の平方根 b に等しく，他の辺 LN を $(1/2)a$ にする。次に，この三角形の斜辺 MN を O まで延長して，NO が NL に等しくなるようにすれば，全体 OM が求める線 z である。」

まず平方根の作図で解析の方法はどう使われているか。G に垂線 $GI=b$ が描けたとしてこれと $GH=a$ との関係が得られればよいわけだが，$b=\sqrt{a}$ であるから直角三角形を構成しピタゴラスの定理を適用すればよいことに気づく。円 KFH と G での垂線との交点を I として△IGK で $IK^2 = GI^2 + KG^2$，即ち $\{(1+a)/2\}^2 = b^2 + \{(1+a)/2 - 1\}^2$ が成立するが，これから $b=\sqrt{a}$ が得られる。ここで，垂線 GI と△IGK から必要条件たる $b=\sqrt{a}$ を導くのは総合であり，$b=\sqrt{a}$ から十分条件たる垂線 GI と△IGK とを導くのが解析であるが，そこでその十分条件はどのように捉えられたのだろうか。しかし，その手続き

は示されていない。

　2次方程式 $z^2-az-b^2=0$ の解である。与式は，$(z-a/2)^2=a^2/4+b^2$ となるから，ここでも直角三角形を構成してピタゴラスの定理を適用すればよい。しかし定数 a, b を表す2本の直線をもとに，十分条件としての△NLM（$LN=a/2$, $LM=$b）を導出する手続きはここでも示されていない。だからデカルトは，十分条件を導出する過程を論理的な推論にではなく発想と直観に委ねているように見える。得られたものが十分条件であることは，証明の過程を通して結果的に明らかになるだけである。

3　解析における連立方程式

(i)　『幾何学』の方法と方程式

　このように，『幾何学』での作図題からより簡単な図形を導く方法は，必ずしも純粋な推論だけに依拠しているようには見えない。この点に関しデカルトは，商・積・平方根の作図の後に「問題を解くに役立つ等式にどのようにして到達すべきか」を書いている。[15]ある問題を解く時，「まず，それがすでに解かれたものと見なし，未知の線もそれ以外の線も含めて，問題を作図するに必要と思われるすべての線に名を与えるべきである。次に，これら既知の線と未知の線の間に何の区別も設けずに，それらがどのように相互に依存しているかを最も自然に示すような順序に従って難点を調べあげて，或る同一の量をふたつの仕方であらわす手段を見いだすようにすべきである。この最後のものは等式と呼ばれる。……そして，仮定した未知の線と同じ数だけ，このような等式を見いだすべきである。」それができずにいくつかの未知の線が残るとすれば，残った等式や未知，既知の線を「別々に考察したり，互いに比較したりしながら，……それらを整理して，ただひとつの線だけが残るようにせねばならない。……（そしてそれは）既知の線に等しいか，または，その平方，立方……などが，2個またはそれ以上の他の量の加法か減法によって生ずるものに等しいのである。」最後の部分は，未知の線を z，既知の線を a, b, c として，$z=b$, $z^2=-az+b^2$, $z^3=-az^2+b^2z-c^3$ などの関係が得られる，という意味である。

　これをより簡単な図形を導く推論過程として見ると依然不十分さが残されているが，問題は傍点部分である。これは，複数の未知の直線に関してそれと同

数の等式＝方程式を構成せよ，という意味に理解できる．事実，平方根の場合は未知の直線 b を既知の直線 a で表す式，また2次方程式の場合は未知の量 z を既知の量 a, b で表す式をいずれもピタゴラスの定理の適用の形で示して，作図題をより簡単な図形に還元した十分条件としている．

これは，所与の複雑な問題の中にそれを構成する基本要因を求めようとする時，未知の基本要因に関する（連立）方程式を構成しそれを解くことで基本要因を捉えうるという方法の提示と見ることができる．既に見たように，ベルヌーイがホイヘンスの命題14で解析と呼んだ方法も，複数のチャンスの価格に関して連立方程式の関係を求めてそれを解くものであった．この問題に戻って検討を加えることにしたい．

(ⅱ) ホイヘンスの解析と連立方程式

命題14では，相手の番での私のチャンスの価格 X, 私の番でのそれ Y との間に，

$$X = (31/36)Y \tag{1}$$
$$Y = (6a + 30X)/36 \tag{2}$$

という連立方程式の関係を導出し，それを解くことで X, Y の値を求めた．ここでの解析の過程は，(ⅰ)命題14が与えられた時，それを構成する要因としての X, Y を如何に見出すか，(ⅱ)その X, Y に関する(1), (2)式を如何に導出するか，(ⅲ)両式を解くことは解析としてどのような意味を持つか，の三つの問題に分けられるであろう．

まず X と Y という要因の検出である．ホイヘンスのチャンスの価格という概念は，中世契約法の「リスクを含む取引での公正な価格」を基礎に，現実の運まかせゲームに関する（経験や直観を含む）推論から導いた公正な運まかせゲームとそこでの公正なチャンスの価格という仮定に基づいている．この手続きは数学的な推論ではなく『方法序説』の方法原則第2に係わるような方法であると言えよう．そしてこの量的概念が確定された時，上記の仮定と命題1～3等を前提に，(1)と(2)のそれぞれの式が導かれた．

重要なことは，(1), (2)式を別々にとれば，いずれも命題14以前の各命題と同じく総合的に導出されることである．ベルヌーイが「ここで初めて解析が必要になった」という意味は，両式とも未知数 X, Y を含んでいて(1), (2)のど

ちらかの式だけからは X, Y は求められず, 両者を連立方程式として解かざるをえない, という意味に理解すべきであろう。問題は, 連立方程式を解くという手続きの意味である。

(1), (2)式を解くと, $X=(31/61)a$, $Y=(36/61)a$ の解が得られるが, この時,「式(1), (2)が成立する」と「$X=(31/61)a$, $Y=(36/61)a$ である」とは必要十分条件の関係にある。前者にとって後者は前者の外延をより狭く規定するものとしての十分条件ではなく, 従って連立方程式の解を解析の結果得られたものとすることはできない。

では, 命題14の方法を解析と見なすベルヌーイのコメントをどう理解すべきであろうか。この命題を解く時のホイヘンスは, 相手の番での私のチャンスの価格 X を求めることに主眼をおいており, 私の番での私のチャンスの価格 Y は補助的に扱われている。前者はこのゲームでの私のチャンスの価格そのものであるから, これは当然であろうが, 連立方程式にもかかわらず片方の解 Y の値は求めていない。そこで次のように考えられるであろう。

命題14の課題は, 運まかせゲームでの私のチャンスの価格を変数 X とし, 所与の条件のもとで変数 X がとる特定の値 X_0 を求めることである。しかし, それを既知の a, b, c…等から $X_0=f(a, b, c,…)$ として得ることはできず, 他の変数 Y との関数関係 $X=g(Y)$ が知られているだけである。これが(1)式であるが, これだけから X_0 を得ることはできない。そこでゲームに関する条件を検討し, X と Y に関するもう一つの関数関係 $X=h(Y)$ を導出する。これが(2)式である。そしてこの連立方程式を解いて求める X_0 の値を得る。

方法論的に見て, 連立方程式を解くことそのものは解析ではない。しかし, 命題14の具体的な内容を同時に考慮に入れて見ていく時, 所与の問題からそれを構成する要因を検出する手続きには, 数学的な推論としての解析の枠には入り切らない分析の過程を見ることができる。また X と Y に関する連立方程式を作って解くという方法も, Y を補助的なものと扱いながら特定要因 X の値を求める方法としてそれを見る時, 分析の方法とみなすことができるであろう。

IV 結　び

　ベルヌーイは命題14で，このゲームの私のチャンスの価格 X はそれまでの命題から直接導き出せないこと，導き出せるのはこの X と私の番での私のチャンスの価格 Y との関連だけであって，X は両者の関連を解きほぐすことで求めるほかはないこと，等からその方法を解析とよんだ。しかし X と Y の連立方程式を解くことそれ自体を解析の手続きと見ることはできない。X と Y とが導出された過程にまで視野を広げ，さらに連立方程式を解く過程を片方の X を得る手続きと見なすことで，そこでの方法を分析と見ることが可能になる，と考えられる。これは，数学的な推論形式の一つである解析だけでなく事物的内容的に捉える諸方法で問題に迫っていこうとするものであり，そこに一般的な方法としての分析が見られるようになるのである。

　この一般的方法としての分析では，合理的推論だけでなく経験的判断，直観や発想といった主体的要素も重要な役割を果たしている。解析によって十分条件を求めていこうとする場合はもちろんであるが，総合的方法の代表である平面幾何の証明問題を解く場合でも，そこで経験的知識，直観や発想の果たす役割は大きい[16]。だから対象が自然科学における実験，社会科学における実証にまで広げられた時は，分析の過程はより複雑なものになるであろう[17]。それを数学一般における解析の方法と対比検討することは，本章が今後に残す課題である。

注
(1)　Bernoulli, J. (1975) pp.107-151. 本章では，独訳 Bernoulli, J. (1899)，邦訳 Bernoulli, J. (1981)，及び Huygens C. (1888-1950) に収録されているホイヘンスのオランダ語原文とその仏訳を参照した。なお，ホイヘンス確率論の優れた先行研究として長岡一夫 (1982) があるが，本章で取り上げた課題は検討されていない。
(2)　F. van Schooten, "Tot den Leser" of *Mathematische Oeffeningen*, in Huygens, C. (1888-1950).
(3)　チャンスの価格と中世以来の契約法の公正概念との関係は，Daston J. (1988) Chap.1, 2に詳しい。

(4) Bernoulli, J. (1975) に付された編者 Van der Waerden による"Historische Einleitunng"参照（*ibid*. p.10）。なお、以下のホイヘンスの著書からの引用は注(1)の諸文献に基づいた吉田の訳による。

(5) ホイヘンスにおける仮定と命題Ⅰとの関連については、既にダストンがふれている（Daston, J. (1988) pp.24-26）。それは以下のように要約できる。

　　期待値を参加料とするゲームが公正であるとする後世の確率論者たちは、まず公正なゲームがあることを前提にそのゲームの期待値を導出しようとするホイヘンスの方法は循環論だとするであろうが、ホイヘンスにとって公正なゲームは非数学的概念として直観的に自明だったのである。その背後には中世以来の公正な（リスクを含む）契約という考え方があった。そして彼は、運まかせゲームに関して「総ての参加者に対し完全に対称的な条件（completely symmetric conditions）」を作り出せたら、それが公正であることは自明だと考えた。また、公正ないくつかのゲームを組み合せる（arranging a series of deals）ことで、ある期待値を他の期待値に転換（convert）できると主張した。

　　本章での論旨は、基本的な部分でこのダストンの見解に依拠している。しかし筆者は、ホイヘンスが公正な運まかせゲームの自明性の根拠を論理的な対称性にだけでなく、経験と直観を含む合理的推論に置いていた、また公正なゲームの組合せによって期待値を変換しようとしたのではなく、「ある基準となる公正なゲームを所与のゲームに変換する」ことでそのチャンスの価格を知ろうとしていた、と考えている。

(6) 参加者をA, B, Cの3人に限った命題9の一般解は、各人の勝数不足数を (k, l, m)、Aのチャンスの価格を $f(k, l, m)$、掛金を a とした時、

$$f(k, l, m) = 1/3\{f(k-1, l, m) + f(k, l-1, m) + f(k, l, m-1)\}$$
$$f(1, 1, 2) = 1/3\{f(0, 1, 2) + f(1, 0, 2) + f(1, 1, 1)\}$$
$$= 1/3(a + 0 + a/3) = (4/9)a$$

という偏差分方程式を解くことで得られる。Bernoulli, J., 長岡一夫訳 (1981) 16頁の訳者注、及び安藤洋美 (1992) 35頁参照。

(7) 1669年8月から11月にかけて、ホイヘンスは弟のローデウェク・ホイヘンス（以下、L. ホイヘンス）との間で、グラント『死亡表に関する自然的および政治的諸観察』における生命表をめぐって書簡を交換し、論争した。そこでは、『諸観察』での生命表に先に関心を持ったL. ホイヘンスがそれから平均余命を計算して兄に示したのに対し、ホイヘンスはある年齢の人々の余命の「平均」＝平均余命ではなく、その「中位数」となる年齢（それまでに死ぬ可能性とそれ以上生きのびる可能性が等しい年齢）の方がより重要だと主張した。本書第1章参照。

(8) ベルヌーイは、まず、P_1 で勝ち P_2 で負けるゲームを n 回行い、そこで少なくとも $m-1$ 回勝つ確率を、組合せ論によって次のように表した。

第2章　C.ホイヘンス『運まかせゲームの計算』について　47

$$P_1^n + {}_nC_1 P_1^{n-1} P_2 + \cdots + {}_nC_{m-1} P_1^{n-m+1} P_2^{m-1}$$

そして命題12を少なくとも2回以上勝てばAの勝利とするゲームに置き換え，そこで次のようにAが勝利する確率が1/2以上となるnを求めればよい，とした．

$$(1/6)^n + {}_nC_1 (1/6)^{n-1}(5/6) + \cdots + {}_nC_{n-2}(1/6)^2 (5/6)^{n-2} \geq 1/2$$

Bernoulli, J. (1975) pp.131-33，及び Bernoulli, J., 長岡一夫訳（1981）34-36頁，特にそこでのBの期待値の表を参照のこと．

(9) Spinoza, B. de. (1972) pp.360-62. また，この小論に関してその数奇な運命を詳述し，さらに原文と英訳を対比しながら解説・検討したたものに，Petry, M. J. (1985) がある．なお，本書付論を参照のこと．スピノザのこの小論文は，それが発見された経緯から贋作視されることがあったが，近年，贋作説が再燃し論争が行われている．例えば，de Vet, J.J.V.M. (1983), Klever, W.N.A. (1983) 等参照．なお，ホイヘンスの付録第1問のベルヌーイによる別解については，本書付論を参照のこと．

(10) デカルト（1965），デカルト（1973a），デカルト（1973b）。例としてデカルト（1973b）における「分析」の定義をあげる。「分析は，事物（もの）が方法的に，そしていわばア・プリオリに見つけ出された，その真の途を示すものであって，かくてはつまり，読者がこの途にしたがい，しかも（その含むところの）すべてに十分に注意する，ようにしたいと思うとするならば，この事物（もの）を彼は，自分自身で見つけ出したという場合に劣ることなく完全に知解し自分のものとするでしょう。」

(11) 野田又夫（1966）64-65頁．
(12) 一松　信（2003）28-29頁．
(13) 佐々木重夫（1955）85-86頁，197頁．
(14) デカルト（1973-3）．
(15) 同上，5-6頁．傍点は引用者による．
(16) 例えば，小平邦彦（2000），アダマール，J.（1990）等参照．
(17) 社会科学の方法で分析の意義を最も重視した一人が見田石介である．見田石介（1977）参照．しかし分析の手続きとしては「合理的な推論」が挙げられるのみである．

参考文献

① アダマール，J., 伏見康治ほか訳（1990）『数学における発明の心理』みすず書房．
② 安藤洋美（1992）『確率論の生い立ち』現代数学社．
③ Bernoulli, J. (1975) *Ars conjectandi*, in *Die Werke von Jakob Bernoulli* Bd Ⅲ, Basel.

④ Bernoulli, J. (1899) *Wahrscheinlichkeitsrechnung*, übersetzt von R Haussner, Leipzig.
⑤ Bernoulli, J., 長岡一夫訳 (1981)「サイコロ遊びにおける計算について」*Bibliotheca Mathematica Statisticum*（ALZAHR 学会）26号。
⑥ Daston, J. (1988) *Classical Probability in the Enlightenment*, Princeton U.P.
⑦ デカルト，山本信訳 (1965)「精神指導の規則」『世界の大思想 7』河出書房新社。
⑧ デカルト，三宅・小池訳 (1973a)「方法序説」『デカルト著作集 I』白水社。
⑨ デカルト，所雄章訳 (1973b)「省察および反論と答弁」『デカルト著作集 II』白水社。
⑩ デカルト，原亨吉訳 (1973c)「幾何学」『デカルト著作集 I』白水社。
⑪ de Vet, J.J.V.M. (1983) Was Spinoza de Auteur van Stelkonstige Reeckening van den Regenboog en Reeckening van Kanssen? *Tijdschnft voor Filosofie* 45.
⑫ 一松　信 (2003)『現代に活かす初等幾何学入門』岩波書店。
⑬ Huygens, C. (1888-1950) *Oeuvres Complètes de C. Huygens*, 's-Gravenhage.
⑭ 小平邦彦 (2000)『怠け数学者の記』岩波現代文庫。
⑮ Klever, W.N.A. (1983) Nieuwe argumenten tegen de toeschrijving van het auteurschap van de SRR en RK aan Spinoza, *Tijdschrift voor Filosofie* 47.
⑯ 見田石介 (1977)『見田石介著作集』第4巻，大月書店。
⑰ 長岡一夫 (1982)「ホイヘンスの確率論について」『科学史研究』No.142。
⑱ 野田又夫 (1966)『デカルト』岩波新書。
⑲ Petry, M. J. (1985) *SPINOZA'S Algebraic Calculation of the Rainbow and Calculation of Chance*, Dordrecht.
⑳ 佐々木重夫 (1955)『幾何入門』岩波書店。
㉑ Spinoza, B. de. (1972) *Reeckening van Kanssen*, in C. Gebhardt, ed, *Spinoza Opera*, Vol. IV, Heidelberg.

第3章
17世紀後半のオランダにおけるフランス確率論の展開
——パスカル゠フェルマーからホイヘンス，フッデへ——

I　はじめに

　16, 17世紀における確率論の誕生は，イタリアのカルダーノ，ガリレイらを前史とし，フランスのパスカルとフェルマーによってその基礎が築かれ，さらにオランダのホイヘンスとスイスのJ.ベルヌーイによってその体系化がはかられた，と言ってよい。この流れの中で，パスカル，フェルマーの確率論がどのような形でホイヘンスに継承されたか，また体系化におけるホイヘンスとベルヌーイの方法にはどのような差異が見られるか——これらを明らかにする事が本章の課題である。この課題への接近として，パスカル゠フェルマーの往復書簡での諸問題とホイヘンス『運まかせゲームの計算』付録の5問を取り上げる。
　結論を先取りして述べれば，次のようになる。私は先にホイヘンス『運まかせゲームの計算』を検討したが，そこでの基本概念は「チャンスの価格（de waerde van kans）」であった。実はパスカルの基本概念もこれと同じ「勝負の価値（La valeur de la partie）」であり，付録5問でのホイヘンスの方法もパスカルに始まる漸化式の利用であった。一方，場合の数を数えるフェルマーの方法は，ベルヌーイが組合せ論や等比数列へ発展させながら継承した。そして賭け事の生起確率とその損得とを分離させ，数学的確率論への純化に向かう。しかしその後のオランダでは，チャンスの価格のまま，アムステルダム市長であったフッデや人口論・地誌学の研究者でもあったストルイクらによって発展させられる。
　このようなオランダでの確率論研究の特質をその社会的背景と共に検討してみたい。

II　パスカル゠フェルマーにおける「勝負の価格」の計算

1　パスカル゠フェルマーの往復書簡

両者が交換した書簡で現在残されている6通を順に見ていこう[(2)]。まず第1書簡（日付不明）はフェルマーからパスカル宛のもので、今は失われた来信への返信である。ここでフェルマーは、パスカルが提出した問題と解を繰り返した後、それを批判して自説を述べる。パスカルは、サイコロを8回投げてある目を出したら勝ちという賭けで、賭けが成立した後に最初の投げを断念し、それを相手が了解したとしたら、この断念の補償として（最初の投げの価格として）いくらを手にしうるか、続けて同じようにして2回目、3回目等を断念した時にはその補償価格はどうか、という問題を提出し、それに対し1回目は賭金の1/6を、2回目は残る賭金の1/6すなわち5/36を、3回目は同様に残額の1/6である25/216を、4回目は125/1296を補償として入手できるとした。フェルマーは、この解は基本的に誤りであり、何回目の投げに際しても（続けて失敗した後ならば）そこには賭金が全額残っており、その回での断念の補償は賭金全額の1/6である、とした。

短い手紙で問題にはあいまいな部分があり、パスカル、フェルマー両者の解も理解しがたい所がある。出された問題は、それまでの各回での断念にそのたび補償を受けた後さらに次の回を断念する補償価格と理解されるのに対し、フェルマーは、何回か失敗の後に断念する補償価格と理解しているように見える。もし、「8回の投げて1回でもある目が出たならば賭けの勝ち」という最初の約束が守られるとしたら、ある回、例えば3回目の投げを断念する補償は、この3回目の断念だけの補償と見るべきではなく、あと6回という投げの回数を5回に減らされる事への補償と見るべきではないか。そうだとすると、それまでの回が断念であろうが失敗であろうが、n回目を断念する補償は次のようになる。

$$\{1-(5/6)^{8-(n-1)}\} - \{1-(5/6)^{8-n}\} = (5/6)^{8-n}(1/6)$$

この第1書簡で重要な点は、パスカルが最初の投げを断念する補償（désintéressé）を，その価格（à raison dudit premier coup）と言い換えている事である。これは第2書簡からの「勝負の価値」という用語に連なり，その後彼の一貫したキーワードとなる。

2 点の問題と漸化式

第2書簡（7月29日付）は今は失われたフェルマーからの書簡へのパスカルの返信であるが，ここで騎士のド・メレがパスカルに提示したと言われる点の問題（problem of points）が扱われる。これは，A, B が公平な勝負を交互に繰り返すとして n 回の勝ちを先に取った方が賭金を得るという賭けで，A があと a 勝，B が b 勝だけ n に足りない所で賭けを中止したら，どのように賭金を配分すべきかという問題である。

パスカルは，A, B が32ピアストルを出し合って3回上り（$n=3$）の賭けを始め，$(a,b)=(1,2)$ で中断する時，64ピアストルをどう配分すべきかという問題から始める。ここで A は，次の勝負に勝てば64ピアストル，負けても引分けで32ピアストルを得るのだから，A は「私は勝っても負けても確実に32ピアストルを得る。残る32ピアストルは五分五分で手にし得るのだから折半しよう。」と言って，賭金から48ピアストルを取るであろう。これが A にとっての勝負の価値であり，従って B のそれは16ピアストルになる。

パスカルはここで期待値の演算に従っているように見えるが，彼には確率概念がないのだからそうではなく，「全く五分五分だと見られる時は賭金を折半すべきだ」という判断に従っているに過ぎない。さらにパスカルはフェルマーに対し，「組合せによる貴方の方法は正確に優れているがたいへん面倒である。私はもっと簡単で明確な別の方法を見つけた。」として，この計算を行っている。ここでのフェルマーの方法は，組合せ論を用いて場合の数を数え，その内の A, B に好都合な数の比で賭金を配分する，というもので，確率概念により接近しているものである。

パスカルは点の問題を上記の $(a,b)=(1,2)$ から $(1,3)$, $(2,3)$ へと広げていくが，この拡大の手続きは，(a,b) の状態での勝負の価値を $E(a,b)$ として，次のような漸化式の逐次展開と見る事ができる[(3)]。いわばパスカルの漸化式である。

表3-1　各回の勝利毎にAが相手の拠出分から得る額

	6回上り	5回上り	4回上り	3回上り	2回上り	1回上り
第1回の勝負	63	70	80	96	128	256
第2回の勝負	63	70	80	96	128	
第3回の勝負	56	60	64	64		
第4回の勝負	42	40	32			
第5回の勝負	24	16				
第6回の勝負	8					

(A, Bとも256ピアストルを拠出して行う賭けの場合)

$$E(a, b) = 1/2 \{E(a-1, b) + E(a, b-1)\}$$

ところが彼はここで新しい演算を展開する。彼は，それぞれの回数上りの賭けでAが勝数を順に増加させていく時，各回ごとに相手の拠出分から我がものにしていく金額は，表3-1のように表せる，とする。そして，ある回数上りの賭けにおいて最後の回の勝利で手にする金額が，256, 128, 64, 32, 16, 8というように順に半減していく事を示した後，最初の回の勝利で手にする額X（表3-1の第1行）は次の式(1)から得られるとした（ただし $(n+1)$ 回上りで，両者それぞれの拠出金をMとする）。この証明としてパスカルは式(2)が成立する事を示し，その上でXは式(3)になると述べるに止まる。

$$X = M \cdot \{(1 \cdot 3 \cdot 5 \cdots (2n-1))/(2 \cdot 4 \cdot 6 \cdots 2n)\} \tag{1}$$

$$_{2n}C_n + {_{2n}C_{n+1}} + \cdots + {_{2n}C_{2n}} = 2^{2n-1} \tag{2}$$

$$X = M \cdot [\{(1/2) \cdot {_{2n}C_n}\}/\{(1/2) \cdot {_{2n}C_n} + ({_{2n}C_{n+1}}) + \cdots + ({_{2n}C_{2n}})\}] \tag{3}$$

式(2)を使うと式(1)は容易に式(3)に変換できるから，問題は式(3)の[ ]内の分数（P_2 とする）の意味である。A, Bとも $(n+1)$ 回上りの賭けをしているとし，Aが先勝したとする。この時，あと $2n$ 回の勝負をすればどちらかが上るが，場合の数を総て数え，Aが上る場合の数との比（P_1 とする）を求めると，次のようになる。

$$P_1 = ({_{2n}C_n} + {_{2n}C_n} + 1 + \cdots + {_{2n}C_{2n}})/(2^{2n}) \tag{4}$$

この P_1 はAが $2M$ を手にする確率であり，自分の拠出分を引いた額を得る確率 P_2 を $MP_2 + M = 2MP_1$ の関係から求めると，式(3)の[ ]内の分数が得られる。

パスカルが組合せ論をどのように用いて点の問題を解き，式(3)や表3-1の

第1行を得ていたかは明らかでない。ただ、彼が組合せ論を用いて場合の数を数える方法を知っていた事は確かである。組合せ論とうらはらの関係にある「パスカルの三角形」が、"Traité du triangle arithmétique" として公刊されるのはパスカルの死後の1665年であるが、パスカルはフェルマーと書簡を交換した1654年にはその内容を完成させていた、と見られるからである[(4)]。にもかかわらずパスカルは、点の問題において場合の数を数える方法を十分に使いこなせなかったように見える。この点は、第3書簡に表れる。

3　場合の数の数え方

第3書簡（8月24日付）も今は失われたフェルマーからの来信へのパスカルの返信であるが、その冒頭で彼はフェルマーの方法を正しく把握して述べる。

「貴方はこう結論するだろう。まず2人が4回の勝負をするならいく通りの組合せがあるかを見る。次に第一の者が勝つ組合せがいく通りあるか、第2の者が勝つ組合せはいく通りかを見る。そしてその比に基づき賭金を配分すればよい、と。[(5)]」しかし、実際の場合の数の数え方になると混乱が生じる。パスカルによると、ロベルヴァールは $(a, b) = (2, 3)$ の賭けで、A か B かが途中で上れば勝負を4回行う必要がなくなるから4回必ず行うことを前提に場合の数を数えるフェルマーの方法は誤りで、表3-2のように上って途中で止める場合を一つと数えて賭けに勝つ比を $A : B = 6 : 4$ とすべきだと批判した、という。

このロベルヴァールの批判に対し、パスカルはフェルマーの組合せ論を擁護して反論するが、その論理は奇妙なものであった。それは、所定の勝数を得た者が出て途中で止めようがそのまま最後まで続けようがそこでの勝者に変化は起きず、賭金の分け前は変わらないからだ、というのである。ここでは、勝ち負けに変わりはなくても、勝ち負けに関わる場合の数が違ってくる事が見落とされている。

パスカルのロベルヴァール批判の狙いは、別の所にあった。勝負を最後の回

表3-2　ロベルヴァールの場合の数

場合（勝者）	場合（勝者）	場合（勝者）	場合（勝者）	場合（勝者）
AA　　（A）	BAA　　（A）	$BABA$　　（A）	BBB　　（B）	$BABB$　　（B）
ABA　　（A）	$ABBA$　　（A）	$BBAA$　　（A）	$ABBB$　　（B）	$BBAB$　　（B）

表3-3 パスカルによる場合の数

3回勝負の結果	勝者 ①	②	③	3回勝負の結果	勝者 ①	②	③	3回勝負の結果	勝者 ①	②	③
AAA	(A)	(A)	(A)	BAA	(A)	(A)	(A)	CAA	(A)	(A)	(A)
AAB	(A)	(A)	(A)	BAB	(AB)	(A/2 B/2)	(A)	CAB	(A)	(A)	(A)
AAC	(A)	(A)	(A)	BAC	(A)	(A)	(A)	CAC	(AC)	(A/2 C/2)	(A)
ABA	(A)	(A)	(A)	BBA	(AB)	(A/2 B/2)	(B)	CBA	(A)	(A)	(A)
ABB	(AB)	(A/2 B/2)	(A)	BBB	(B)	(B)	(B)	CBB	(B)	(B)	(B)
ABC	(A)	(A)	(A)	BBC	(B)	(B)	(B)	CBC	(C)	(C)	(C)
ACA	(A)	(A)	(A)	BCA	(A)	(A)	(A)	CCA	(CA)	(C/2 A/2)	(C)
ACB	(A)	(A)	(A)	BCB	(B)	(B)	(B)	CCB	(C)	(C)	(C)
ACC	(AC)	(A/2 C/2)	(A)	BCC	(C)	(C)	(C)	CCC	(C)	(C)	(C)

までやったとしてそこでの場合の数を数えようとするフェルマーの方法は，賭け参加者が2人の時は途中で止めた場合の結果と矛盾が生じないが，参加者が3人になるとそこに矛盾が生まれ，方法として正しくなくなる——パスカルはこう言おうとしていたのである．

パスカルのあげた例でこれを見てみよう（表3-3）．2回上りの賭けをA，B，C 3名で行い，Aが先ず1勝したとする．パスカルは，三者による3回勝負の結果総ての27通りを数え上げるのがフェルマーの方法だとみなし，それぞれの場合での賭けの勝者は①の（ ）内の者になるとした．だからABB，ACC，BAB，BBA，CAC，CCAの場合には複数の勝者が出ることになり，賭けに勝つ場合の数は，Aが19，Bが7，Cが7となる．これは彼が，3人3回勝負の賭けの途中でAが上った場合でもそのまま賭けを続けるとしたら，BかCかが一緒に賭けの勝者になり得る，と考えたからである．だからこの時，賭金は複数の勝者の場合は②に示すように折半するとして，Aが16，Bが5.5，Cも5.5の比率で配分すべきだ，しかし最終回の勝負まで賭けを行うという特別な約束をせず，普通行われるように一人が上ったらそこで賭けは終わりにするとしたら，③のように$A:B:C=17:5:5$で賭金を配分するのが妥当だ——パスカルはこのように主張した．そして，フェルマーの方法は，必ず3回の勝負を終わりまでするという事実に合わない事が想定されているがゆえに正しくない，と批判したのである．

第3章　17世紀後半のオランダにおけるフランス確率論の展開　55

　ロベルヴァールとパスカルにおける場合の数の数え方の混乱に対し，フェルマーは第5書簡（9月25日付）で反論した（8月29日付の第4書簡もフェルマーからであるが，第3書簡を受け取る前に出したもの）。両者の誤りは単純であったから，フェルマーの反論も短く明解である。問題の賭けでは，ある1人が決められた勝ち数を先に取ったらそこで賭けが終わるのは当然であり，その後続けるという事は全く無意味である。そして「勝負の回数をある回数まで延長させるという架空の想定（fiction）は，総てのチャンスを等しくして（rendre tous les hasards egaux）公式の適用を容易にするためである。」と述べる。フェルマーは正しく，「等しい可能性を持つ場合の数」として場合の数を捉えようとしていたのである。彼は，同様に確からしい n 個の場合とこの事象に関わる r 個の場合との比 r/n として確率を捉えた古典的確率論の完成者ラプラスに極めて近い所まできていた。一方パスカルは，組合せ論とフェルマーの方法論とを知悉していたにもかかわらず，このような誤りを冒した。何故だろうか。

　パスカルは，賭博者の主観的判断に関わる「勝負の価値」に最後までこだわった。また五分五分の場合は賭金を折半せよとした例のように，主観的実感的に納得できる判断に限定し，場合の数の比というような客観的分析的な基準への全面的依拠を避けた。このようなパスカルの方法について，森有正は述べる。パスカルは「経験を重視し事実を尊重した」が，それは単なる客観的事実ではなく，自らとの交錯により事実的な意味関連を紡いでいくような事実である。一方，「パスカルはものごとを分析的に見ない。全体としての意味を考える。」この点で，「分析的方法によって良識的明証性を形而上学的神学的分野にまで押し進めようとした」デカルトとは異なる。そして「パスカルの現実解釈の内実，現実の意味は広義における価値，『善』bien すなわち幸福 bonheur であ（り），……パスカルは現実の幸福追求の分析から目的となる神を結論する。」これが「パスカルの方法」だとすると，そこに彼の「勝負の価値」への固執，「場合の数」の分析の不十分さの根拠を見出す事は容易であろう。そしてここで「現実の幸福追求」から「神の存在の証明」をしようとした「パスカルの賭け」（『パンセ』233章）にふれざるを得ない。

4 パスカルの賭け

パスカルは，神の存在の有無について「理性はここでは何も決定できない。そこにはわれわれを隔てる無限の渾沌がある。この無限の距離の果てで賭けが行なわれ，表が出るか裏が出るかなのだ。君はどちらに賭けるのだ。……賭けなければならないのだ。それは任意のものではない。君はもう船に乗り込んでしまっているのだ。」[8]と述べる。その賭けは次のように段階的に展開されるが，いずれにおいても「君に有利だ，賭けるべきだ。」とされている。

(1) 勝てば総てを得，負けても何も失わない場合。
(2) 勝敗は等可能性で，一つの生命の代りに二つまたは三つの生命を得る場合。
(3) 永遠の生命と幸福がある時，無数の運に対する一つの運で，二つの生命を得るか，一つの生命を失うかの場合。
(4) 無限に幸福な無限の生命が得られるなら，無数の運に対する一つの運で三つの生命を得るか，一つの生命を失うかの場合。
(5) 勝つ運一つに対し負ける運はある有限な数で，無限に幸福な無限の生命を得るか有限なものを失うかの場合。

これら5つとも，場合の数は勝敗の2個だけである。それに与えられる可能性の重みは，(5)で十分大なる整数 n に対して $1/(n+1):n/(n+1)$ とされるのを除き，対等かゼロ対無限大かだけである。勝敗によって得失するものもその評価で無限大か有限かだけである。その限り，「君は賭けるべきだ。」という結論は最初から与えられている。[9]この事から知られるのは，この賭けが，現実の運まかせゲームにおいて未知なる勝負の価値を分析的に求めようとするものではなく，パスカルが確実だと信じている事＝「既知なる真理」を賭けの論理を用いて総合的に論証しようとしたものだ，という事である。そこでは有限なる功利主義的人間存在が是認され，それが神の無限と対立させられている。

有限なる人間の功利と不安，そして無限なる神への信仰をめぐるパスカルの現実関心が，勝負の価値への固執を通して数学としての確率論への接近を遅らせた——こう見る事はできないだろうか。一方，これとは異なる形で運まかせゲームの「チャンスの価格」に一貫してこだわったのがホイヘンスであった。

III　ホイヘンスにおける「チャンスの価格」の計算

1　パスカル＝フェルマーとホイヘンス

　1629年にハーグの名門に生まれたホイヘンスは，数学，そして光学，天文学，力学等で大きな業績をあげ，後に英国王立協会とフランス王立科学アカデミー両者の会員に選ばれた。彼はアンジェの新教系の大学で学位を授与されるために1655年フランスを初めて訪ねたが，帰路，7月から11月末までパリに滞在し，そこで前年の夏から秋にかけて行われたパスカル＝フェルマーの往復書簡とそのテーマを知った。1654年11月23日の決定的回心をへたパスカルにもまたトゥルーズに居るフェルマーにも会う機会を持ち得なかったが，カルカヴィの友人であるロベルヴァールやミロンと会い，往復書簡で扱われた問題を解答抜きで知らされた。

　ホイヘンスは帰国後この問題を解き，その解の当否を確かめるためにロベルヴァールに送った。しかしロベルヴァールからの返信がなかったため，今度はミロンに送り，ミロン→カルカヴィ→フェルマーへと届けられた手紙の返信が，同じ経路をへて6月下旬にホイヘンスに届く。彼は手紙にあった問題の正解を見て満足したが，その手紙にはフェルマーによって5つの新しい問題が同封されていた。彼はこの5問を解いて7月上旬にフェルマーに送ったが，9月下旬には，5問の解が正しいことを知らせるフェルマーの手紙が届く。こうしてこの5問を付録に入れて完成された『運まかせゲームの計算』はスホーテンによりラテン語訳され，1657年7月にスホーテン編著『数学演習』付論として出版された。[10]

2　付録第1問の解法

　彼は，『運まかせゲームの計算』付録5問のうち第1，第3，第5の3問にのみ解を示したが，解法は与えていない。まず第1問「AとBが次の条件で，2個のサイコロを投げるゲームをする。Aが目の和6を，Bが7を先に出したら勝ちとし，まずAが1回投げた後，Bが2回投げ，続けてAが2回投げる。以下，どちらかが勝つまで交互に2回ずつ投げるとする。この時，Aと

58

B とのチャンスの価格の比は，10355：12276である。」である。この問題には，①ベルヌーイはその *Ars conjectandi* 第Ⅰ部に『運まかせゲームの計算』を収録したが，その付録第1問に付した注釈での解法（ⅠとⅡの2つがある），②スピノザの解法（『チャンスの計算』），③ホイヘンス（1656.7.6付のカルカヴィ宛書簡）の解法等がある。

　①Ⅰ.もしホイヘンスが本論命題14の解析の方法で解いたらこうなるだろうとして示された方法で，ゲーム開始時の A のチャンスの価格 $=t$, B の順番になった時の A のチャンスの価格 $=x$, B が1回ゲームをして勝てなかった時の A のチャンスの価格 $=y$, B が2回ゲームをして勝てなかった時の A のチャンスの価格 $=z$ とすると，次の連立方程式が成立し，これを解いて t が得られる。

$$t = \{(5\times 1) + (31\times x)\}/36 = (5+31x)/36$$
$$x = \{(6\times 0) + (30\times y)\}/36 = (30/36)y$$
$$y = \{(6\times 0) + (30\times z)\}/36 = (30/36)z$$
$$z = \{(5\times 1) + (31\times t)\}/36 = (5+31t)/36$$

　②スピノザは，この問題を，イ) A がまず1回だけ投げる，ロ) B から始めて交互に2回ずつ投げていく，の二つに分け，まずより容易な問題であるロ)を解く。次にイ)の場合を，そこで A が目の和6を出して勝つか，出せずに負けてロ)のチャンスの価格を得るかという形で，ロ)に結びつけて，所与の問題を解くものであった。これをスピノザは，デカルトの「まず問題を分割せよ」という原則の適用だとしているが，内容的には解析の方法と変わらない。[11]

表3-4　ホイヘンスによる付録第1問の解法

順番（投げる者）	その順番での A のチャンスの価格 （掛けに勝って d を得るとした場合）
1 (A) A が勝って d を得，負けて X_3 を得る。	A のチャンスの価格 $= \{(372780d) + (864900X_0)\}/1679616 = X_4$
2 (B) B が勝ってゼロ，負けて X_2 を得る。	A のチャンスの価格 $= \{(4500d) + (27900X_0)\}/46656 = X_3$
3 (B) B が勝ってゼロ，負けて X_1 を得る。	A のチャンスの価格 $= \{(150d) + (930X_0)\}/1296 = X_2$
4 (A) A が勝って d を得，負けて X_0 を得る。	A のチャンスの価格 $= \{(5d) + (31X_0)\}/36 = X_1$
5 (A)	ここでの A のチャンスの価格 $= X_0$ とおく。

③カルカヴィ宛書簡でのホイヘンスの解法は，ベルヌーイがホイヘンス流の解析だとした①Ⅰとは若干異なっている（表3-4）。彼は，まずサイコロを投げる順番5の時のAのチャンスの価格を基準にしてそれをX_0とおき，順番を4，3，2と逆行しながらそれぞれでのAのチャンスの価格X_1，X_2，X_3を求めて行く。最後のX_4はまさに求めようとしているAのチャンスの価格であるが，それはX_0と等しい。そこで$X_4=X_0$としてX_0の値を求め，それをこの賭けにおけるAのチャンスの価格とするのである。

ホイヘンスは，サイコロ投げの繰り返しでのある回とその次回との間でのチャンスの価格の変化をもとに，各回でのAのチャンスの価格を求めている。これはすでにパスカルがとった漸化式の方法である。ただし漸化式ではある数列の第n項と第$n+1$項との関係（及び初期条件）からその数列の一般項を求めるのが普通であるが，この場合はチャンスの価格の時系列に見られる循環性から$X_0=X_4$とし，それから逆行して初項X_4を求めている。そもそも①Ⅰでの連立方程式も，循環性を持つ数列であったから成立したのである。

①Ⅱ．ホイヘンスの方法をパスカルの方法の継承とみなせるとすれば，場合の数の数え上げを基本とするフェルマーの方法の継承とみなせるのがこのベルヌーイの方法である。彼は，サイコロ投げの繰り返しによるチャンスの価格が無限数列となり，かつそこに循環性が見られない場合でも次のようにしてチャンスの価格が得られる，とした。

下記の□で囲んだ順番1，4，5，8，9……でAが目の和6を出す場合の確率を順に求めて加え整理すると，少し複雑だが無限等比級数となる。その和は収束するので，その和としてチャンスの価格を求めるという方法である。同じように順番2，3，6，7，……でBが目の和7を出す確率を求めてその和を整理すると，和が収束する無限等比級数となり，Bのチャンスの価格が得られる。

表3-5　ベルヌーイ自身による付録第1問の解法

順番	☐1	2	3	☐4	☐5	6	7	☐8	☐9	…
	(A)	(B)	(B)	(A)	(A)	(B)	(B)	(A)	(A)	…
	5/36	6/36	6/36	5/36	5/36	6/36	6/36	5/36	5/36	…
	31/36	30/36	30/36	31/36	31/36	30/36	30/36	31/36	31/36	…

これは，AとBそれぞれが勝つ場合の数をその確率と共に数え上げ，それらの確率の和を求めるという方法であるが，それは，フェルマーがとったAとBの勝ちに関わる同様に確からしい場合の数を数え上げる方法の延長上にある。この方法では，それぞれの場合に関してそれがもたらす利益や効用とその生起確率との区別が前提とされている。

こうして17世紀半ばにおける確率論のフランスからオランダへの移植は，パスカルからホイヘンスへの流れとして捉えることができる。フェルマーからの流れはそのホイヘンスの著作を自著に収録し注釈を加えたベルヌーイによって継承された。

3　付録第2―4問の解法

付録第2―4問の解法を検討する前に，フッデが指摘した第2，第4問の問題点についてふれたい[12]。まず第2問「A, B, C 3人が白4枚，黒8枚からなる12枚の札を手許において，次の条件でゲームをする。でたらめに札を取り出して最初に白札を引いた者が勝ち，順番はAが最初，次にB，そしてCとし，再びAに戻って順に繰り返すとする。三者のチャンスの価格の比を求めよ。」である。すぐに気付くのは，取り出した後に札を戻すかどうか，即ち復元抽出か非復元抽出かについて何もふれられていない事である。この点を最初に指摘したのがフッデであった。彼は，1665年4月，ホイヘンスと交換した書簡で，前提が復元か非復元かによってこの問題の正解が異なることを示し，ホイヘンスもこれに承服せざるを得なかった。ベルヌーイによる付録第2問注釈では，復元抽出と非復元抽出の場合が区別されている。しかし彼がオランダでフッデに会ったのは1680年代初頭であり，この問題を最初に提示したのがフッデであった事は確かであろう。ただし，ベルヌーイは注釈で非復元抽出を，1組の白4，黒8の札から各人が順に引く場合と，各人がそれぞれ1組を持ちそれから引く場合とに分けている。

フッデはさらに，第4問「前と同じように，白4枚，黒8枚の12枚の札を手許におき，それからでたらめに取り出した7枚の札の内3枚が白であるかどうかで，AはBと賭けをした。AとBとのチャンスの価格の比を求めよ。」に関しても，Aが勝つのは取った7枚の内3枚が白の場合だけか，それとも4枚

第3章　17世紀後半のオランダにおけるフランス確率論の展開　61

が白の場合も勝ちか，があいまいだとした。ベルヌーイは付録第4問の注釈で，「この解には組合せ論が必要なので，本書（*Ars conjectandi*）第Ⅲ部で取り上げる」としたが，その第Ⅲ部ではフッデの指摘に従い，3枚だけの場合と3枚または4枚の場合とに分けて解を示している。(13) このようにフッデは，ホイヘンスの設問におけるあいまいさを鋭く指摘した。行政官，政治家の経歴を持つフッデは，数学的能力だけでなく設問の現実関連に関わる問題点への優れた洞察力を備えていたのである。

まず付録第2問である。上述のようにベルヌーイは，①復元抽出，②非復元抽出1（3人が1組の札から抽出），③非復元抽出2（3人が各自の1組の札から抽出）に分けて解いた。①復元抽出のケースで注目されるのは，ベルヌーイが示した解析の方法である。ここでは，復元抽出の繰り返しの中で表れるAのチャンスの価格の時系列における循環性をもとに連立方程式を構成する，という漸化式の方法も可能である。しかしベルヌーイが示したのは，開始時におけるA，B，Cのチャンスの価格をX，Y，Zとし，Aのチャンスの価格XはAが勝てば賭金1を得，負ければCの立場になってZを得る事，Bのそれは最初の抽出でAが勝てばゼロを得，負ければAの立場になってXを得る事，同様CはAが勝てばゼロ，負ければBの立場になってYを得る事等から連立方程式を構成する方法であった。これは，チャンスの価格の時系列における循環性を利用しないという点で，ベルヌーイのいう解析の方法の純粋な形だと見る事ができる。また，①のケースで場合の数とその確率を無限等比数列として求め，その和としてチャンスの価格を得る方法は簡単である。

問題は②の非復元抽出1である。ここでベルヌーイがホイヘンス流の解析だとして示すのは，白4，黒1でBが抽出する番という状態から始め，白4，黒8というゲームの始点に至る逆行的な漸化式の解法である。黒n個，白4個の状態でのA，B，Cチャンスの価格をX_n，Y_n，Z_nとすると，X_1，Y_1，Z_1は簡単に得られ，また次の関係があるので，そこからX_8，Y_8，Z_8が求められる（ベルヌーイはこの一般式は示していない）。

$X_n = \{n/(n+4)\}X_{n-1}$
　　ただしAの順番の時は，$4/(n+4) + \{n/(n+4)\}X_{n-1}$
$Y_n = \{n/(n+4)\}Y_{n-1}$

ただし B の順番の時は，$4/(n+4)+\{n/(n+4)\}Y_{n-1}$

$Z_n = \{n/(n+4)\}Z_{n-1}$

ただし C の順番の時は，$4/(n+4)+\{n/(n+4)\}Z_{n-1}$

この②の場合，ベルヌーイ流の場合の数とその確率の数え上げは有限数列となり，その和は容易に得られる。

最後の③非復元抽出2であるが，ここでベルヌーイが示すホイヘンス流の解析は，A，B とも白4のみ，C は白4，黒1で C が抽出の番という状態でのチャンスの価格から出発して逆行し，三者とも白4，黒8であるゲーム開始時でのチャンスの価格に至る，という逆行型の漸化式による解法である。②の場合よりははるかに複雑で，巧妙なテクニックが必要であるが，基本は変わらない。また，ベルヌーイ流の場合の数とその確率の数え上げも②よりは複雑になるが，有限数列の和を求める点で基本的に同じである。

次に付録第3問「A と B が，10枚ずつそれぞれ色が異なる40枚のカードから4枚を抜き出し，それらが異なった色である，という賭けをする。この場合，A と B のチャンスの価格の比は，1000：8139である。」である。ここでも，復元抽出か非復元抽出かという問題があるが，より面倒な非復元の場合に限ろう。ベルヌーイはホイヘンス流の解として漸化式の逆行的利用を示すが，それは次のように定式化できる。A が n 回試み（$n \leq 3$），n 回とも異なるカードであったとする。この時の A のチャンスの価格を X_n とする。もう1回試みて，それが n 枚のどれかと同色の時はゼロ，別の色の時は $(n+1)$ 枚の異なる色のカードを持つ時のチャンスの価格が得られるから，次の漸化式が成立する。

$X_n = \{(9n)/(40-n)\} \times 0 + [\{10(4-n)\}/(40-n)]X_{n+1}$
$\quad = [\{10(4-n)\}/(40-n)]X_{n+1}$

$X_4 = 1$ とする $X_3 = 10/37$ となるから，この式を使って X_2，X_1 と逆行して開始時の X_0 を求める事ができる。文字通りの漸化式の逆行的解法であるが，このホイヘンス流の解法に対し，ベルヌーイは自らの解法は示していない。次の第4問と同じく場合の数を数え上げるのに組合せ論を使うためであろう。その組合せ論を使えば解は簡単である。まず，40枚から4枚を取り出す組合せの数は $_{40}C_4$ であり，これに対し異なる色からなる4枚の数は 10^4 であるから，$X_0 = 10^4/_{40}C_4$ となる。

第3章　17世紀後半のオランダにおけるフランス確率論の展開　63

付録第4問に対し，ベルヌーイが Ars conjectandi 第Ⅲ部で示した組合せ論による解法は，次のように明解なものであった。場合の数の数え上げの方法が，組合せ論によって単純化されるよい例である。

① 7枚の内3枚のみが白で勝ち　　$({}_4C_3)({}_8C_4)/{}_{12}C_7 = 35/99$
② 7枚の内3枚か4枚かが白で勝ち　$\{({}_4C_4)({}_8C_3)+({}_4C_3)({}_8C_4)\}/{}_{12}C_7 = 14/33$

一方，①の場合における漸化式の逆行的な解法であるが，A が n 枚を所持し，内 m 枚が白の時の A のチャンスの価格を $X_{m \cdot n}$ とする。ただし $n \leq 6$，$m \leq 2$ の範囲で考察する。$X_{6 \cdot 2} = 1/3$ であり次の関係が成立するので，逆行して $X_{0 \cdot 0}$ を求めればよい。

$$X_{n \cdot m} = \{(4-m)/(12-n)\}X_{n+1 \cdot m+1} + \{(8-n+m)/(12-n)\}X_{n+1 \cdot m}$$

②の場合は複雑であるが，方法としては変わらない。

以上のように，付録第2—4問の解法では，ホイヘンス流の漸化式の逆行的利用とベルヌーイ流の組合せ論による場合の数の数え上げという対照的な方法が使われている。

4　付録第5問——破産問題の解法——

「A，B がそれぞれ12個のコインを持ち，3個のサイコロでの賭けを次の条件で行うとする。即ち，目の和11が出るたびに A はコイン1個を B に与えねばならず，また目の和14が出るたびに B はコイン1個を A に与えねばならない。そして相手のコインを総て手に入れた方が賭けに勝ったとする。B に対する A のチャンスの価格の比は，244140625：282429536481である。」これは，パスカルがフェルマーに提示し，さらにフェルマーがホイヘンスに最後に送った問題であるが，以前から論じられてきた賭博者の破産問題（gambler's ruin problem）とよばれる問題の一典型である。

まず1676年にホイヘンスが示した解法がある。[14] 彼は問題を点の問題に置き換え，A，B が0枚から始め，目の和11が出ると B が1枚を取り，14が出ると A が1枚を取るゲームで，先に12枚を取って勝つチャンスの価格の比を求めた。A が m 枚，B が n 枚の時の A，B 両名のチャンスの価格を $X_{m \cdot n}$，$Y_{m \cdot n}$ とする。ここでまず先に2枚取った方が勝ちとしよう。$X_{0 \cdot 0}$ から始め $X_{2 \cdot n} = 1$，$X_{m \cdot 2} = 0$（$n, m < 2$）へ至る樹形図を書けば明らかだが，次の関係が成り立つ

(216通りの内15通りで A が，27通りで B が1枚を取り，174通りは引分けだが，これは14通りの内5通りで A が，9通りで B が1枚取るとしてよい)。

$$X_{1\cdot 0}=5/14X_{2\cdot 0}+9/14X_{1\cdot 1}=5/14+9/14X_{1\cdot 1}$$
$$X_{0\cdot 1}=5/14X_{1\cdot 1}+9/14X_{0\cdot 2}=5/14X_{1\cdot 1}$$
$$X_{0\cdot 0}=5/14X_{1\cdot 0}+9/14X_{0\cdot 1}$$

ここで $X_{1\cdot 1}=X_{0\cdot 0}$ であるから，$X_{0\cdot 0}=(5/14)^2/\{(5/14)^2+(9/14)^2\}$ が得られ，同様に $Y_{0\cdot 0}=(9/14)^2/\{(5/14)^2+(9/14)^2\}$ が得られるので，その比は $5^2:9^2$ となる。ホイヘンスは続けて勝ちのゴールが4枚，8枚の場合に，その比がそれぞれ $5^4:9^4$，$5^8:9^8$ になる事を示し，12枚の場合は $5^{12}:9^{12}$ となる，とした。

ホイヘンスは破産問題を点の問題に置き換えて解いたが，それ以前の1665年にフッデが同じ方法を破産問題に直接適用している[15]。彼は，ある枚数でスタートし破産に至る可能性の枝分れを追いながらその分岐点でのチャンスの価格を順に求めて行き，そこに表れる循環性を連立方程式とは異なる方法で利用し，最初の所有枚数が2枚，3枚の時の出発時のチャンスの価格の比がそれぞれ $5^2:9^2$，$5^3:9^3$ となる事を示した。

ベルヌーイが付録第5問への注釈で示した方法も，これらと変わらない。彼は，同じように構成された連立方程式を解いて，最初の所持枚数1, 2, 3枚の時のチャンスの価格の比が $5:9$，$5^2:9^2$，$5^3:9^3$ となる事を，また所持枚数が3, 6, 12枚のように倍々と増加する時のそれは $5^3:9^3$，$5^6:9^6$，$5^{12}:9^{12}$ と倍増していく事を示し，問題に付せられたのと同じ解を与えた。これらの解法は，ベルヌーイがこれまでホイヘンス流としてきた方法と基本的に共通するものであり，次の漸化式から $X_{(m+n)/2\cdot(m+n)/2}$ と $Y_{(m+n)/2\cdot(m+n)/2}$ との比を求めようとするものである。

$$X_{m\cdot n}=5/14X_{m+1\cdot n-1}+9/14X_{m-1\cdot n+1} \tag{1}$$
$$X_{0\cdot m+n}=0,\ X_{m+n\cdot 0}=1 \tag{2}$$

しかしこれが解けるためには，式(2)から連立方程式が構成されなければならない。本問のように $(n+m)/2=12$ と与えられている時それは可能であり，容易に $5^{12}:9^{12}$ が求められるが，それを一般化して $X_{m\cdot m}:Y_{m\cdot m}=5^m:9^m$ を求めるのは簡単ではない。ベルヌーイは，注釈の最後にその一般解を与えているが，その証明は示されていない。ハルトは，差分方程式を利用してこの一般解

第3章　17世紀後半のオランダにおけるフランス確率論の展開　65

を証明したのはストルイクであった，としている。[16]

　ここでストルイクの解法を見てみよう。彼は破産問題を一般化して「AとBがそれぞれ何枚かのコインを持ってサイコロを投げる賭けをする。出る目に関しAとBに好都合なものが決められており，Aがそれを出した時BはAにコイン1枚を与えねばならず，Bがそれを出した時AはBに1枚与えねばならない。先に全部のコインを手にしたものが賭けの勝者である。」とした。Aはr枚，Bはs枚のコインを持って始め（$r+s=d$），Aはb通り　Bはc通りのチャンスを持っている，とする。そしてAがコインを1，2，3枚持っている時のチャンスの価格をx, z, yとする。ここで，

$$x = bz/(b+c) \tag{1}$$
$$z = (by+cx)/(b+c) \tag{2}$$

であるが，式(1)から得られたzを式(2)に入れてyを求めると，式(3)が得られる。

$$y = x + (c/b)x + (c^2/b^2)x \tag{3}$$

　Aのコイン枚数を増加させていき，同じ方式でチャンスの価格を求めると次のようになる。

Aのコインの数	Aのチャンスの価格
1	x
2	$x + (c/b)x$
3	$x + (c/b)x + (c^2/b^2)x$
4	$x + (c/b)x + (c^2/b^2)x + (c^3/b^3)x$
5	$x + (c/b)x + (c^2/b^2)x + (c^3/b^3)x + (c^4/b^4)x$

　従ってAがr枚のコインを持つ時のチャンスの価格は，$\{1-(c/b)^r\}x/\{1-(c/b)\}$となる。それを，$A$が$r+s$個を持つ時，即ち勝つ時のチャンスの価格（=1）で割ると$(b^r-c^r)b^s/(b^d-c^d)$となるが，これは賭金=1の分け前としてのAのチャンスの価格である。一方，s個を持つBの分け前としてのチャンスの価格は，これを1から引いた$1-\{(b^r-c^r)b^s/(b^d-c^d)\} = (b^s-c^s)c^r/(b^d-c^d)$であるから，$s=r$の場合，両者の比は$b^r:c^r$となる。

　これがストルイクによる破産問題の解である。先のAのチャンスの価格$X_{m\cdot n}$を使うと

$$X_{m\cdot n} = (bX_{m+1\cdot n-1} + cX_{m-1\cdot n+1})/(b+c)$$

という漸化式を用いて, $X_{(m+n)/2 \cdot (m+n)/2} : Y_{(m+n)/2 \cdot (m+n)/2}$ を求めている点で, まさしくホイヘンス流の方法の延長上にある。ストルイクはオランダの生んだ数学者で, 人口論や地誌学にも造詣が深かった。一方ストルイクの解法は, 差分方程式を解くのと同じ形で破産問題の一般的な解を求めようとしたものである。なぜなら, この式は線形2階偏差分方程式であり, ストルイクはこの式を $X_{0 \cdot m+n} = 0$, $X_{m+n \cdot 0} = 1$ の条件のもとで解いたが, それは一般解を求める形ではなく逐次代入法で解いたものであった。[17]

以上, ホイヘンスの付録5問を, 漸化式を逆行的に利用してチャンスの価格を求める方法及び場合の数とその確率を数え上げる方法との対比において検討してきた。これをパスカル, フェルマーの方法的対立の検討と合わせると, 次のようにまとめられるであろう。

Ⅳ 結 び

フランス確率論でのパスカルは, その方法で場合の数を数えるのに徹したフェルマーに後れを取った。フェルマーの方法はそのまま, 賭け事での生起確率と結果損益を分離する方向, 即ち数学的確率論の確立に連なるものであった。しかしパスカルが勝負の価値の概念で一貫させた背後には, 人間の功利と不安を凝視しながらそれを通して無限なる神への帰依を求めようとした, 精神的側面での強い現実関心があった。

このパスカルの基本概念をチャンスの価格として継承したホイヘンスは, これもパスカルに始まる漸化式を利用する方法を継承し, それを工夫発展させながらチャンスの価格を求めていった。その方法は, フッデから設問の現実関連に関わる問題指摘を受けて精緻化され, さらに破産問題を初めて一般的に解いたストルイクによって差分方程式の利用に近づけられた。これに対しベルヌーイは場合の数の数え上げの方法を (無限) 等比級数や組合せ論の利用を通して発展させ, ラプラスによる古典的確率論の完成へ大きく道を開いた。

このようにオランダでの確率論は, 一見, その数学的完成からは脇道に入ったように見える。しかしホイヘンスのチャンスの価格は, 地中海貿易復活後中

世契約法に現れた「リスクを含む取引での公正な契約」を背景に形成された。[18]この事から，彼がチャンスの価格にこだわる姿勢の裏に海洋国家オランダでの商取引への実体的関心を読み取る事は深読みに過ぎるであろうか。

　古典的確率論がチャンスの価格を確率×損益＝期待値として分析的に捉えるようになっても，セント・ペテルスブルグの賭けの場合のようにパラドックスをはらんだ実体として期待値が現れる。公理主義確率論が確率変数と確率を無内容化した20世紀半ばにおいても，効用の期待値に与える仮定から基数的効用関数が導出されたりする。数学的な確率論の形成とは別に，期待値の実体的意味を捉えようとする試みの意義は現在なお失われていない，と言うべきであろう。

注
(1) 本書第2章参照。
(2) Pascal (1976-78) Ⅲ, Fermat (1891-1922) Ⅱ, 『パスカル全集』(1959) 第1巻参照。ただし邦訳『全集』第1巻には，第2，3，5，6書簡だけが入っている。英訳には David (1962) があり，往復書簡全体を検討したものに武隈良一 (1953) がある。本章が対象とする確率問題について詳しくは Hald (1990)，安藤洋美 (1992) を参照されたい。
(3) Edwards (1987) p.153, Hald (1990) p.57.
(4) Edwards (1987) p.58. なお原文は，Pascal (1976-78) Ⅲ, pp.433-503.
(5) Pascal (1976-78) Ⅲ, p.402 (傍点は引用者).
(6) *ibid.* p.423 (傍点は引用者).
(7) 森有正 (1971) 283-417頁。引用は，372，375，299，304，378頁。
(8) Pascal (1976-78) ⅩⅡ, p.146, 『パスカル全集』(1959) 第3巻, 156頁。なお，「パスカルの賭け」はそれぞれの147-151頁及び156-157頁。
(9) 私はかつてこの「パスカルの賭け」を状態 (s_1, s_2) ＝ (神が存在する，しない)，行動 (a_1, a_2) ＝ (神を信ずる，信じない) からなる統計的決定理論で示した。しかしこれは問題のあるモデル化である。まずパスカルは確率という概念を持っていなかった。また統計的決定理論では pay-off matrix への無限大の導入は禁じ手である (吉田忠 (1974) 62-64頁)。なお，Hacking (1975) pp.63-72でも同じモデル化がなされており，無限大の期待値を dominating expectation とよんでいる。「パスカルの賭け」については，本書第1章Ⅱを参照のこと。
(10) Hald (1990) pp.65-68. なお，フェルマーとホイヘンスの往復書簡は，Huygens, C. (1899-1950) Ⅰ, pp.404-507に収められている。
(11) 本書付論参照。

⑿　Huygens, C. (1899-1950) XV, pp.304-308, Haas (1956) p.261, Hacking (1975) pp.98-99 参照。なお, ホイヘンスとフッデの間でもう１問が議論されたが, その問題点については Hacking (1975) p.99 参照。
⒀　Bernoulli, J. (1899) Ⅱ, pp.9-10.
⒁　Huygens, C. (1899-1950) XIV, pp.151-55. なお安藤洋美 (1992) 76-81頁, 参照。
⒂　ホイヘンス宛フッデ書簡は, *ibid.* XV, p.471参照。
⒃　Hald (1990) p.203, Struyck (1912) pp.108-109.
⒄　安藤洋美 (1992) 83-87頁, 参照。なお C. ホイヘンス, 長岡一夫訳 (1981) 61頁で, 訳者長岡一夫氏が線形２階差分方程式の一般解を求める形でこの第５問を解いている。
⒅　Daston (1988) Chap.1, 2 参照。

参考文献

① 安藤洋美 (1992)『確率論の生い立ち』現代数学社。
② Bernoulli, J. (1899) *Wahrscheinlichkeitsrechnung（Ars conjectandi）* uebersetzt von Haussner, Leipzig.
③ Daston (1988) *Classical Probability in the Enlightenment*, N.Y..
④ David (1962) *Games, Gods and Gambling*, London.
⑤ Edwards (1987) *Pascal's Arithmetical Triangle*, London.
⑥ Fermat, P. (1891-1922) *Oeuvres de Fermat* par Mm. P. Tannery et C. Henry, Paris.
⑦ Haas (1956) Die Mathematischen Arbeiten von Johann Hudde (1628-1704), Burgermeister von Amsterdam, *CENTAURUS*. Vol.4. No.3.
⑧ Hacking (1975) *The Emergence of Probability*, London.
⑨ Hald (1990) *A History of Probability and Statistics*, N.Y..
⑩ Huygens (1888-1950) *Oeuvres Complètes de Christiaan Huygens*, 's-Gravenhage.
⑪ C. ホイヘンス, 長岡一夫訳 (1981)「サイコロ遊びにおける計算について」*Bibliotheca Mathematica Statisticum*（ALZAHR 学会）26号。
⑫ 森有正 (1971)『デカルトとパスカル』筑摩書房。
⑬ Pascal (1976-78) *Oeuvres de Blaise Pascal* par Brunschvicg et Boutroux, Kraus Re-print.
⑭ 伊吹武彦他監修 (1959)『パスカル全集』人文書院。
⑮ Struyck (1912) *Les Oeuvres de Nicolas Struyck* traduites par Vollgraff, Amsterdam.
⑯ 武隈良一 (1953)「パスカルとフェルマーとの往復書簡―古典確率論の基礎―」『科学史研究』26号。
⑰ 吉田忠 (1974)『統計学―思想史的接近による序説―』同文舘出版。

第4章
17世紀オランダにおける終身年金現在価額の評価問題
—— 「チャンスの価格」と「生命表」の利用をめぐって ——

I 問題の所在

1 はじめに

　私は，ここ20年ほど17世紀オランダでの確率論・統計学を研究テーマにしてきた。当初，私の問題意識は，抽象的な理念にではなく具体的経験から帰納された普遍に依拠するイギリス経験論哲学から生まれた政治算術，これに対し，数理的に創造された万物は知性の合理的推論によってのみ認識可能とみなす大陸派合理主義哲学に依存するフランス確率論，という17世紀半ばに出現した2つの統計学源流，その延長上にあらわれる統計的（経験的）確率および数学的（先験的）確率という2つの確率概念の「対立と統合」の解明であった[1]。そして私は，問題を深める手掛りを，オランダという国と，そこでのホイヘンスらによる確率論研究やデ・ウィットらによる一時払い終身年金購入価額評価問題からえることができた。
　17世紀半ばのオランダでは経済合理主義や宗教的寛容が広まっていた。加えて地理的歴史的に関係の深い英仏両国の数学・自然科学研究者との交流があった。ホイヘンスはパスカル＝フェルマーの往復書簡（1654年）の内容をその翌年に知っただけでなく，グラント『死亡表に関する自然的および政治的諸観察』（1662年）も刊行直後に寄贈されており，統計学の2つの源流に接していた。また，主要都市で一時払いの終身年金が公的に広く販売されていた。上記の「対立と統合」の問題を解明するには，当時のオランダでの確率論と統計学の展開を詳細に検討する必要がある。こうしてオランダ統計史の研究へ向かったのであった。

次は，本章におけるこの問題意識の位置付けである。

2　ホイヘンスのチャンスの価格

パスカルとフェルマーの論点は，点の問題すなわち A と B が X 円を賭けて公平な勝負をくりかえし先に n 回勝った方が，$2X$ 円を手にするゲームで，n 回に対し A は a 回，B は b 回足りない状況でゲームを中断するとき，$2X$ 円の A，B への公正な配分額 $A(a, b)$ 円，$B(a, b)$ 円を求める問題である。この配分額をパスカルは勝負の価値とよんだ。

パスカル＝フェルマーが代表的な例題を取り上げて論じたのに対し，ホイヘンスの著作『運まかせゲームの計算』(Van Rekeningh in Spelen van Geluck) は体系的であった。彼はパスカルの勝負の価値をチャンスの価格とよんだが，いくつかの仮定を前提にチャンスの価格に関わる3個の基本命題とそれに続く11個の命題の証明を順に行った。

この著書を貫く基本概念であるチャンスの価格は現代統計学でいう期待値にあたるが，期待値は，Σ（各事象の生起確率×各事象の生起による損益）というように確率と損益の積和として定義されるのに対し，チャンスの価格は確率を分離独立させずに，損益をともなうある偶然現象そのものの価格としてとらえられる。その具体例として普通ギャンブルゲームがあげられるが，問題の背後には地中海貿易復活後の中世契約法にあらわれたリスクを含む取引における公正な価格があったことに注目すべきである。

一方パスカル＝フェルマーの往復書簡では，パスカルが a, b を変数とする $A(a, b)$ や $B(a, b)$ の漸化式を解いて勝負の価値そのものを求めようとしていたのに対し，フェルマーは，等しい可能性で起きうるすべての場合の数を数えて，そのうちの A と B とが勝ちとなる場合の数の比で賭金を比例配分せよ，とした。フェルマーはパスカルよりも確率概念の確立に近かった，とみてよい。この対立は，チャンスの価格におけるホイヘンスと J. ベルヌーイの対立に共通するものであった。

ホイヘンスは，フェルマーが出した複雑な5つの点の問題を，解法を示さずに『運まかせゲームの計算』の付録につけた。書簡などでみられる彼の解法は，あくまで $A(a, b)$，$B(a, b)$ に関わる連立漸化式を解くものであった。一方，

J. ベルヌーイはその著書『推測法』(Ars conjectandi)にホイヘンスの著書を再録し，その本論14命題には注釈を，付録5問には解法を与えたが，それは組合せ論を用いて場合の数を数えるものであり，後のラプラスの古典的確率論に連なる方法であった。しかしチャンスの価格を確率と損益の積和としてとらえるのではなく，それ自体の内容的意味を保存したまま論理的な関連や展開を示すことは，数学としての確率論とは別の意義をもっている[2]。

3 「チャンスの価格」の社会問題への適用

内容的意味を保存したままチャンスの価格を扱うと述べたが，この方法を社会問題の政策立案に適用してみせたオランダの政治家がいた。それは，17世紀半ば内外ともに困難な状況のオランダを20年以上も指導したデ・ウィットである。連邦政府は緊迫した国際関係による軍備増強資金を，購入者に死亡まで一定額の年金を支給する（一時払い）終身年金の発売に求めようとしたが，そこで問題になったのがその発売価格であった。デ・ウィットはチャンスの価格の方法を用いて終身年金の現在価額を推計してみせたが，彼の考えは，この現在価額をもとにして政府は終身年金の価格を決めるべきだというものであった[3]。

この終身年金現在価額の推計には，ある年に生まれた人間集団（コーホート）で最後の1人の死まで毎年何人ずつ死んでいくかという想定，すなわち生命表が必要である。デ・ウィットが利用した生命表は，一見したところ先験的な想定のようでもあり，なんらかの形で年齢別死亡数の記録を参照しているようにもみえる。オランダでは16世紀後半から一部の都市で終身年金が発売されており，その購入者の死亡記録が利用可能であった。

こうして本章の課題が浮かび上がってきた。デ・ウィットらによる終身年金現在価額の推計において，チャンスの価格の理論と経験的な生命表とはどのような組合せにおいて利用されていたかを明らかにする，そしてそれを通して，英仏両国の中間オランダで，先験的な確率と経験的な度数分布（統計的確率）がいかに統合されていたかを明らかにする——これが本章の問題意識であり課題である。

II デ・ウィットによる終身年金現在価額の推計

1 終身年金現在価額推計の背景と経過

　1648年のミュンスターの講和でネーデルランドの北部7州が独立して共和国連邦を構成したとき，連邦政府はすでに通商航海をめぐって英国と激しい対立関係にあり，ほどなく第一次英蘭戦争（1652-54）に突入する。その最中の1653年，7州の筆頭格ホラント州の参事官（蘭；Raadpensionaris，英；Grand Pensionary）になり，以後20年間連邦政府を事実上指導したのが，デ・ウィットであった。彼は，中央集権国家を目指すオラニェ家との対立や対英国をはじめ複雑な国際関係のなかで卓越した手腕を内政・外交に発揮したが，次の戦争に備えての軍事力の拡充にも力を入れた。そしてまもなく第二次英蘭戦争（1665-67）が起きるが，そこではルイ14世のフランスの侵入があり，またドイツ介入の脅威もあって軍備増強はますます必要となった。デ・ウィットは外交努力とともに軍備増強に全力をあげた。しかしその最後は悲劇的であった。3月には第三次英蘭戦争が4月には蘭仏戦争が起きた1672年の8月20日，戦争で興奮した暴徒に虐殺されるのである。

　それ以前の1670年11月と71年3月に連邦政府は，ある委員会に軍備資金調達の具体案を提出した。それは，①小麦製品等への間接税増税，②毎年利子額を支払い満期時に元金を支払う公債の発売，③ある利子率での元利償還額を一定期間支払う償還年金の発売，④購入者の死亡まで毎年一定額を支払う終身年金の発売，⑤ある人数が組んで購入し毎年受け取る一定額をその時点での生存者で均分するトンチン型終身年金の発売等であった。[(4)]

　注意したい点は1970年11月の提案で，償還年金と終身年金のそれぞれにおいて，期間，利子率，発売価格の異なった組合せを購入者に示す，という案が出されたことである。これは，公債や年金の購入者に対しその合理的判断の基準を示すこと，逆にいって発売する方はどれがどれだけ有利かを知ることでもある。そのとき，最大のネックは終身年金の現在価額であった。こうして終身年金現在価額の推計が要請されるに至ったのである。

第4章　17世紀オランダにおける終身年金現在価額の評価問題　73

　状況がいよいよ切迫してきた1671年7月7日,戦費調達のためにホラント州議会が開かれた。長引く戦時体制のもと直接税・間接税の増税やさらなる公債発行は限度にきており戦費調達は年金の発売しかない,それも償還年金よりは終身年金の発売が望ましいという含意のもと,デ・ウィットが同年7月30日に州総督に提出したのが有名なメモワール *Vaerdye van Lyf-renten naer proportie van Los-renten*（英；*Value of Life Annuities in proportion to Redeemable Annuities*）である。以下,この「償還年金との対比における終身年金の価値」をデ・ウィットの「論文」とよぶ。

　州議会の要請で,総督はこの論文を30部だけ印刷し議員に配布した。印刷部数が少数であったため,この論文はやがてホラント州議会決議集のなかから再発見されるまで幻の文書となったようであり,ライプニッツも,オランダに来たとき探し求めたが見出せなかった,という。しかしヘンドリックスはこの論文の解説で,幻の文書となったのはその印刷部数の少なさによるだけでなく,終身年金が償還年金よりも購入者に有利だというその結論は広く知られない方がよいと州政府関係者が判断したためでもあろう,と述べている。デ・ウィットの死後,州政府にとってより有利な終身年金（ただし年齢に応じ価格が逓減する）が売り出されたことはそのあらわれだ,ともみている。

　このように,終身年金の購入者と販売する政府の両者にとって合理的な販売価格を求めようとしたデ・ウィットの意図は果たされず,その逆行すらみられたが,彼の死後,事態はもっと悪い方向に向かった。いよいよ第三次英蘭戦争や蘭仏戦争がはじまったとき,その戦費調達は,間接税対象の日用必需品への拡大,土地・建物・船舶その他所得を生む固定資産課税の増税に向かったからである。

2　終身年金現在価額の推計

　では,デ・ウィットの論文で終身年金現在価額はどのように推計されたか。そのために彼はまず3つの「仮説」（蘭；Praesuppoost,英；Presupposition）をおき,続けて3つの「定理」（蘭；Propositie,英；Proposition）をおくが,それらの関係は必ずしも論理的ではない。定理は仮説を前提にして導かれるのが普通であるが,仮説1はホイヘンス『運まかせゲームの計算』の命題2「同じ大

きさの偶然的可能性で a か b か c かをえることができるとき，そのチャンスの価格は $(a+b+c)/3$ である」と同じであるのに対し，定理1では同じ命題を示した後それを証明し，さらに系で同じ命題を a, b, c, d の4つがえられる場合に拡大している。

仮説2は，ある年齢の前半で死ぬか後半で死ぬかはコイン投げで決まるような偶然だ，という命題であるのに対し，定理2では，『運まかせゲームの計算』の命題3「同じ大きさの p 個の偶然的可能性で a をえ，q 個の可能性で b をえることができるとき，このチャンスの価格は $(pa+qb)/(p+q)$ である」が「それぞれで同じ大きさの $p_1, p_2, \cdots, p_n$ 個の偶然的可能性で $a_1, a_2, \cdots, a_n$ がえられる場合には，そのチャンスの価格は $(\Sigma p_i a_i)/(\Sigma p_i)$ である」へと展開されている。そして，ある終身年金の全購入者 n 人の内，たまたま i 歳で死んだ p_i 人 $(\Sigma p_i = n)$ はそれまでの年金 a_i を受け取っているから，これは「ある年金購入者がたまたま i 歳で死に a_i をえる偶然的可能性の数は p_i 個であり，従ってこの終身年金のチャンスの価格は $(\Sigma p_i a_i)/(\Sigma p_i)$ となる」と同じだ，とされる。

仮説3は，人の生涯を年齢で4つの段階に区切り，それぞれでの半年ごとの死亡数は次の比率で一定であり（第1期（4-53歳）d 人，第2期（54-63歳）$2/3 d$ 人，第3期（64-73歳）$1/2 d$ 人，第4期（74-80歳）$1/3 d$ 人），かつ81歳になるまでに全員死にたえる，という仮定である（彼は，3，4歳から53，54歳までを壮健な時期として基準にとっているが，3，4歳までを考察から除外している）。これに対し定理3は，それぞれの段階で人がある年齢の前半で死ぬか後半で死ぬかは五分五分の偶然現象であるという仮説2と同じものであるが，その系ではそれよりはるかに進んだ展開がなされる。まず，この定理3を定理2に結びつけ，スタート時の n 人のうち，ある年齢 i 歳での死亡数を p_i 人とし（$\Sigma p_i = n$）彼らがその年齢までにえられた終身年金の総額を a_i フローリン（fl.）とすると，この終身年金のチャンスの価格が $(\Sigma p_i a_i)/(\Sigma p_i)$ としてえられること，次に，a_i fl. を複利還元してスタート時の現在価額 a_i' fl. を求めると，そこでのチャンスの価格 $(\Sigma p_i a_i')/(\Sigma p_i)$ は終身年金の現在価額になる，という方法である。

ただし終身年金受領額の現在価還元は，スタートから i 歳までの各半年ごと

に受領した金額のそれぞれに対して行われる。それは，第j番目の半年における受領額を，年利率r%を前提にした$(1+0.0r)^{j/2}$で除し，その商を$j=1, \cdots, 2i$に関して加えるという方法であり，定理3の系には，半年ごとに500,000fl.が支払われる場合にそれぞれを4%で複利還元した9桁におよぶ数値が$j=200$ ($i=100$) に至るまで示されている。

以上，3つの仮説，定理とその系をもとに，デ・ウィットは年額100万fl.の終身年金の現在価額を求めた。それは$r=4$%とし，$j=153$（76年半）までの総和として求められた現在価額（彼は3，4歳までを除外しているから，80歳で全員死亡するまでの期間に対応する現在価額）であり，1,600万1,606 fl. になる，というものであった。これは，年金年額1 fl. に対する現在価額が約16 fl. ということになる。彼はこれから「この終身年金は1対16で売られる (Lijf-renten werden verkoft tegens den Penningh sesthien) のが妥当である」と考えた（なお，ヘンドリックスはその英訳で，これを『終身年金の価格は16年購入価額が (at 16 years' purchase) が妥当だ』と訳した）。デ・ウィットのこの結論は，論文の冒頭での「今でも1対14で売られている利率4%の終身年金は，1対25で売られる（元利均等償還年額が元金の4%の）償還年金よりも（購入者に）有利になっている」という問題設定と対応する。

3 チャンスの価格と終身年金現在価額

ここで，デ・ウィットの終身年金現在価額推計の方法を検討してみたい。まず，それはホイヘンス『運まかせゲームの計算』へ全面的に依拠していることである。彼は，仮説1で『運まかせゲームの計算』命題2を援用し，さらに定理1の系で可能な場合の数を3つから4つに拡張した。そして定理2で同上命題3の「aをえるp個の偶然的可能性とbをえるq個の偶然的可能性」を「$a_1, a_2, \cdots, a_n$ がえられる $p_1, p_2, \cdots, p_n$ 個の偶然的可能性」へ拡大したが，さらにそれは「ある年金購入者が，p_i 人からなる i 歳死亡組にたまたま入って a_i をえる場合」にも適用できることを示した。こうして，終身年金の購入者が運にまかせたその死まで年金を受け取る，という運まかせゲームを構成し，そのチャンスの価格の計算を通してこの終身年金の現在価額を推計してみせたのである。[8]

しかしデ・ウィットの推計は，もっと根本的なところでホイヘンスに依存し

ていた。彼はその定理1のところで，ホイヘンスに従って『運まかせゲームの計算』命題2の証明を行っているが，それは「A, B, CがX円を出し合い勝者が$3X$円を手にする運まかせゲームで，Aが勝者のときBにa円，Cにb円を，Bが勝者のときCにa円，Aにb円を，Cが勝者のときAにa円，Bにb円を，それぞれの$3X$円から分け与える，とする。ここで$3X-a-b=c$とすれば命題2の運まかせゲームがえられ，そのチャンスの価格は$X=(1/3)(a+b+c)$となる。」であるが，いささか理解しにくいものである。

　ホイヘンスは『運まかせゲームの計算』の冒頭で，(イ)勝負の公正さが自明でそのチャンスの価格が明白である公正な運まかせゲームがある，(ロ)いかなる運まかせゲームもその正当な変換や公平な交換を通して公正な運まかせゲームへの還元が可能であり，かつ前者のチャンスの価格を後者のそれから導出できる，という2つの仮定をいわば公理に準ずるものとして設定した。命題2の証明の場合，「A, B, CがX円ずつ出し合い勝者が$3X$をえる公正な運まかせゲームのチャンスの価格はX円である」がまず自明な前提となる。そして次に「同じ運まかせゲームで，各勝者は2人の敗者に順にa円，b円を分け与える場合」を考える。この新しい運まかせゲームは前者の公正な運まかせゲームからの正当な変換であり，従ってそのチャンスの価格はX円である。ところでこの新しい運まかせゲームで$3X-a-b=c$とおくと，それは命題2での運まかせゲームとなり，従ってそのチャンスの価格$X=(1/3)(a+b+c)$である。[9]

　このようにホイヘンスを踏襲したデ・ウィットの方法は，ある公理を前提にした絶対確実な推論でものごとを理解しようとするものであり，それを，利害をともなう偶然現象の理解にまで広げようとしたものであった。まさしく大陸派合理主義の立場といってよい。問題は，終身年金現在価額推計で利用される生命表である。人間の年齢別死亡数は，厳密な数式の形をとる神の秩序なのか，それとも時代的地域的に異なってあらわれる傾向すなわち経験的観察の対象にとどまるものか。

　デ・ウィットは，人間がその体力全盛期（3, 4歳～53, 54歳）を過ぎると「それ以前よりもある半年間に死ぬ可能性は明らかに大きくなる」として，仮説3の年齢階層別死亡数を与えたが，その根拠は示されていない。次は，デ・ウィットの終身年金現在価額推計における生命表の位置付けの問題である。

III デ・ウィットの終身年金現在価額推計における生命表

1 生命表の歴史

　年齢階層別死亡数という簡単な形で生命表がはじめて示されたのは，グラント『死亡表に関する自然的および政治的諸観察』においてであった[10]。しかし彼が基礎資料としたロンドンの教区別週間死亡数記録である「死亡表」は死亡年齢を欠いており，この年齢階層別死亡数はその算出根拠が不明である。邦訳書で訳者が指摘するように，まず6歳までの死亡36％を前提にしたあと，10歳ごとの死亡率0.36（または0.38）の等比数列から導いたと思われる。ただ6歳までの高い死亡率設定は，先験的想定というよりなんらかの経験的知識から導出されたものであろう。

　一般に，生命表をはじめて多数の死亡記録に基づいて作ったのは，同じ英国のハレーとされる。ブレスラウ市（独）における1687-91年の5年間の教会死亡記録が同市の牧師ノイマンによって整理され，それがライプニッツの紹介で王立協会に送られた（1692年）。この5年間の死亡数5869人（出生数6193人）を集計したのがハレーであり，その成果は *Philosophical Transactions*, Vol. 17 (1693) に発表された[11]。彼はまず，ある年齢階層での死亡数または死亡率を一定として死亡の秩序を求めようと試みるが，数値の不規則性から断念する。次に一転，この表の効用の指摘に移る。第1は国力等に関する政治算術的利用であり，第2，第3は Degree of Mortality の年齢別推定および中位数としての余命の年齢別推定における利用である。第4と第5では一転して，生命保険の価額と終身年金の価額の推計における利用があげられる。この後，第6で2人組みの，第7で3人組みの終身年金価額の推計方法が論文総ページ数の半分以上を費やしながら述べられる。

　このようにハレーの論文では，生命保険と終身年金の評価に有効という生命表の効用指摘にその大部分があてられていたため，統計史や生命保険史での通説は，この論文を契機にそしてそれを基礎に，それまでは賭博として売買されていた生命保険に代わって Equitable 社をはじめ正しい技術的基礎に立った生

命保険会社が誕生した，としている。しかし，デ・ウィットは1671年の終身年金現在価額の推計で独自の生命表を利用した。それは，先験的な想定に過ぎないようにもみえるが，オランダでは16世紀後半から一部の都市で終身年金が発売されており，その購入者の年齢別死亡数の記録が利用可能であった。

では，このころオランダでは生命表がどのように作成されていたのかをみてみたい。

2　17世紀のオランダにおける生命表

デ・ウィットの論文には短い補遺（Byvoeghsel）が付せられているが，彼は，そのはじめの部分で「私は本論文での論証を何千人もの終身年金購入者の生死から慎重に導いた」と述べている。だが，どのような終身年金購入者の記録かについては語っていない。

当時オランダで販売されていた終身年金として有名であるカンペン市のトンチン型終身年金を表4-1に示した。ただしこれは，購入者の記録から作成されたというより各都市で発売されたトンチン型終身年金を紹介するパンフレットで想定的に示されたものである。

これは，デ・ウィットのそれと比べるとはるかに粗雑な方法による年金受領総額推計である。想定された生存者数もトンチン型終身年金の受領総額推計で利用されるのみであり，一般型終身年金では各年次まで生きたときの受領総額が示されるだけである。問題は年齢別生存者数である。

表4-1では原表の60歳以上を簡略化しているので，表4-2にそこでの生存者数を示した。66歳までを1歳間隔，76歳までを2歳間隔，それ以後は4歳間隔で示すと，生存者数が1人きざみの等差数列になる。その単純さのせいでもあろう，人口論史のデュパキュエはこの表を「純粋に虚構だ」と述べている。しかし原文には，この生存表は精密な探索と観察によって作られたとあり，これを完全に無視することはできないのではないか。生存者数が等差数列で減少している点も，現実の死亡記録に基づくハレーの生命表で42歳から49歳までと54歳から70歳までの生存者数が（1歳時を1000人として）10人きざみの等差数列で減少している事例もある。

このカンペン市の生命表では，死亡記録等の根拠が示されていないが作成の

第4章　17世紀オランダにおける終身年金現在価額の評価問題　79

表4-1　カンペン市におけるトンチン型終身年金とその他年金との比較表

年　次	生存者数（人）	償還年金 (fl.)	一般型終身年金 (fl.)	トンチン型終身年金 (fl. stuy. pen.)
0	400			
1		250 + 10 = 260	20 + 20 = 40	10.8.9 + 10.16.9 = 21.5.2
12	200	370 + 10 = 380	240 + 20 = 260	172.3.1 + 21.5.0 = 193.8.1
24	100	490 + 10 = 500	480 + 20 = 500	428.15.12 + 42.10.0 = 471.5.12
36	50	610 + 10 = 620	720 + 20 = 740	1142.1.13 + 85.0.0 = 1227.1.13
48	25	730 + 10 = 740	960 + 20 = 980	2568.14.8 + 170.16.9. = 2739.11.1
60	12	850 + 10 = 860	1200 + 20 = 1220	5462.0.2 + 363.12.12 = 5825.12.14
65	6	900 + 10 = 910	1300 + 20 = 1320	7741.10.5 + 666.13.5 = 8408.3.1 0
75	1	1000 + 10 = 1010	1500 + 20 = 1320	19341.4.1 + 4000 = 23341.4.1
80	0	1050	1600	39341.4.1

注：1．償還年金は，元金250fl. プラスその利子4％の当該年次までの累積額。一般型終身年金は，購入価額250fl. の8％相当の年金の当該年次までの累積額。トンチン型終身年金は，購入価額250fl. の4％相当の年金の400人分（4000fl.）が生存者に分配された1人当たり額の当該年次までの累積額。
　　2．5 pennigh = 1 stuyver, 20 stuyver = 1 florijn.
出所：Hendriks (1853) p.115.

表4-2　年齢別生存者数（60歳以上）

年齢（歳）	60	61	62	63	64	65	66	68	70	72	74	76	80
生存者数	12	11	10	9	8	7	6	5	4	3	2	1	0

出所：表4-1と同じ。

際の観察・経験への依拠が述べられていること，そしてある年齢段階での生存者数が等差数列的減少を示していること等を，特徴として指摘しうる。これらの特徴はデ・ウィットの生命表でも共通してみられる。そこでは，具体的ではなかったが終身年金購入者死亡記録に基づいたとされ，また生涯の4段階のそれぞれでの半年当たり死亡数は一定だとされていたからである。

　これから，当時，死亡記録を多数集めて集計すると生涯の各段階ごとにほぼ一定の年間死亡数があらわれる，という考え方があったことを推測させられる。ただ，死亡記録の事例数が多くても本来の死亡秩序を示すには不完全であり，それをもとにさらなる推論を加えてはじめて本来の死亡秩序がえられると考えられていたようにみえる。

この問題をさらに深めるため、デ・ウィットの友人フッデがアムステルダム市の終身年金購入者記録から作成した生命表を取り上げたい。それはフッデからデ・ウィットに送られているが、デ・ウィットがそれにどう対応したかをみるためである。

3　フッデによる生命表の作成

デ・ウィットの論文の末尾には、このフッデが論文の内容を保証した短文が付せられている。それはおおよそ次のようなものであった。「私は、参事官（デ・ウィット）の要請により、年利 4 ％の償還年金との比較で終身年金の価格を見出すために用いられた諸命題とそれから導出された結論とを注意深く検討した。そして私は、ここで用いられている方法はたいへん正確であり、それから導かれた結論はきわめて強固であることを知った。すなわち、1 対16で終身年金を買った購入者がかならず有利になることは、確固たる数学的基礎をもっている。ただしそれは、表における計算、転記、項目間の加算で（それは一般のよく知られた計算でも行われる種類のものだが、私はそのチェックをしていない）、数字上の誤りがあるという反対論がない限りにおいてである。」[15]

最後の条件文は微妙だが、それは生命表に関するものではなく計算上の誤りに関して述べたもの、ととるべきであろう。しかし彼とデ・ウイットとの関わりは、この保証だけではなかった。デ・ウィットが論文執筆をはじめたと思われる1671年春、フッデはアムステルダム市で1586－90年の 5 年間に終身年金を購入した人々の死亡記録の整理集計をはじめたのである。それは、同年 5 月22日付けのホイヘンス宛書簡での追伸からうかがわれる。[16]

「私は、アムステルダムで1687，88，89年等の間に終身年金を購入した多様な人々の生死から、あの英国人がわれわれに示したものとは全く異なる秩序を見出しました。それを完全に明らかにしえたときは、閣下に送らせてもらいます。また参事官がその点に関する新しい見方を知りたいと望まれるならば、送らせてもらいます。」ここで「1687，88，89年」とあるのは「1586，87，88，89，90年」の誤りであり、「あの英国人」はグラント、「参事官」はデ・ウィットを指している。

フッデは優れた数学の業績にもかかわらず、早い時期に行政官に転進した

表4-3　フッデによる終身年金購入者の「死亡表」（原表の一部）

	終身年金購入時年齢									
	1歳	2歳	3歳	4歳	5歳	…	45歳	46歳	47歳	48歳	50歳
購入者の購入後生存年数	1年	1年	2年	1年	0年	…	13年	3年	7年	11年	3年
	6	4	2	2	3	…	14	24	21	13	8
	6	8	2	2	5	…	17	36	23	18	8
	13	11	3	2	5	…	17		27	18	20
	15	11	4	2	7	…				23	26
	…	…	…	…	…	…				…	…
			73		69	…					
			73		70	…					
			78		72	…					
			83		72	…					
					72	…					
					72	…					
					73	…					
					77						

注：1．1歳時での終身年金購入者は，購入1年後に1人，購入6年後に2人，購入の13年後，15年後に各1人が死んだ，また5歳時購入者の最後の1人（96人目）は購入の77年後に死んだ，というようにみる。
2．購入者は，1歳時の61人から50歳時の6人までの総計1495人である。多いのは5歳時，6歳時の96人，少ないのは43歳時の2人，49歳時の0人であった。
3．この表では，列の購入時年齢で6歳時−44歳時が，また行の購入後生存年数で6人目−88人目を省略した。

出所：Huygens, C. (1888-1950) Vol.7, p.99.

こともあって，デカルト『幾何学』ラテン語訳書付録の数学論文2本とホイヘンス宛書簡14本のほか，自らに関する記録はほとんど残さなかった。だから，フッデが仕上げた終身年金購入者の「死亡表」をデ・ウィットに送った経緯も，デ・ウィットの返信から推測するほかはない。デ・ウィット書簡集に残されたフッデ宛書簡7通の2番目（8月2日付け）に「先月末日付けの貴簡，同封の諸表とともに拝受しました。」とあり，さらに「6歳時購入者欄の96人の生死から計算された終身年金価額推計をよく理解しましたが，非常に優れた方法だと思います。」とある。デ・ウィットは7月31日（または8月1日）にフッデの「死亡表」を受け取ったようである。彼がその論文を州総督に提出した翌日

表4-4　フッデによる生命表

年齢（歳）	生存者数（人）	年齢（歳）	生存者数（人）	年齢（歳）	生存者数（人）	年齢（歳）	生存者数（人）	年齢（歳）	生存者数（人）	年齢（歳）	生存者数（人）	年齢（歳）	生存者数（人）
0	1495	15	1428	30	1141	45	848	60	494	75	132	90	3
1	1495	16	1418	31	1115	46	819	61	466	76	113	91	3
2	1495	17	1410	32	1100	47	799	62	440	77	93	92	1
3	1494	18	1393	33	1081	48	779	63	411	78	74	93	1
4	1493	19	1374	34	1062	49	761	64	389	79	64	94	1
5	1493	20	1351	35	1053	50	739	65	366	80	54	95	1
6	1488	21	1335	36	1029	51	716	66	342	81	44	96	1
7	1482	22	1323	37	1008	52	687	67	309	82	37	97	1
8	1476	23	1302	38	989	53	672	68	287	83	26	98	0
9	1471	24	1276	39	967	54	649	69	267	84	23		
10	1465	25	1249	40	955	55	621	70	248	85	16		
11	1459	26	1232	41	931	56	595	71	210	86	11		
12	1457	27	1213	42	913	57	574	72	192	87	7		
13	1447	28	1183	43	890	58	555	73	170	88	5		
14	1436	29	1158	44	868	59	527	74	149	89	3		

出所：吉田が表4-3の原表から作成。

または翌々日である。フッデがデ・ウィットに送った「死亡表」は失われたが，同じものが8月18日付けホイヘンス宛書簡に残されているので，われわれはそれを『ホイヘンス全集』にみることができる[18]。それが表4-3である。

　この複雑な表から生命表すなわち年齢別死亡数を作成してみよう。それにはまず1495人の終身年金購入者に関して，購入時年齢に購入後生存年数を加えて各人の死亡年齢を求める。そして，ある年に生まれた1495人がこの死亡年齢に基づいて死んでいくとする。こうしてえられたのが表4-4である。

　このフッデの生命表がデ・ウィットの終身年金現在価額推計に対して影響を与えたかどうかについて，統計学史研究者の意見は，「その生命表での想定は先験的であったから彼は参照しようとはしなかった」から「彼は参照してみたが，自らの生命表に修正の必要はないと考えた」まで分かれる。しかし，先述のようにデ・ウィットがフッデの「死亡表」を受け取ったのは彼が論文を提出した後であったから，その執筆にあたってそれを直接参照できなかったことは明らかである。だから問題は，彼が受け取った後でこの「死亡表」にどう対応したかである。

4 生命表をめぐるフッデとデ・ウィット

フッデがその「死亡表」をホイヘンスに送った8月18日付け書簡には，それに関してデ・ウィットと意見を交換した経過が述べられている[19]。まずこれを要約してみよう。

　私（フッデ）は忙しくて終身年金価額を考える余裕がなく，1586〜1590年の購入者死亡記録を表に整理するのがやっとであった。この表の第1行は購入時年齢で，その下の数字は購入後生存した年数である。私は，この表の6歳時購入の96人に関して年利率4％での終身年金価額を求めると，年金受け取り1 fl. に対して17.23 fl. になることを見出した。また，全体の1495人に対しては16.65 fl. である。デ・ウィットは手紙で，表の6歳時購入者に関して同じく17.23 fl. を見出したこと，彼と異なる私の方法は優れていると判断したことを知らせてきた。その後はなにもいってこないが，彼をとりまく状況から計算をする時間がとれないのであろう。私は，表の購入時年齢1〜10歳の購入者に関して終身年金の価額が17.16fl. であることを知った。デ・ウィットもハーグ市の記録からとった同じ購入時年齢のデータ（その数は私の表のそれよりも多い）をもっているが，それから求めた価額は17.93fl. であるという。異なる記録から求めた価額がこのように一致するとは，驚くべきことである。

この書簡から，フッデは「死亡表」を作成する過程でその一部（6歳時購入者）を用いて終身年金の価額を試算的に求めていたこと，そしてそれをデ・ウィットに「死亡表」とともに送ったこと（その返信が8月2日付けのフッデ宛書簡である），またフッデが1〜10歳時購入者をもとに計算した価額がデ・ウィットがハーグ市の同じ購入時年齢の死亡記録をもとに計算したものとよく近似したこと，等が知られる。デ・ウィットが事前に参照した終身年金死亡記録がはじめて明らかにされたが，その内容を知ることはいぜんできない。

　そのデ・ウィットがフッデの「死亡表」をもとに自らの生命表を検討したことは，10月20日付けのフッデ宛書簡にみることができる[20]。この書簡でデ・ウィットは，かねて論じ合ってきた経験的な「死亡表」の利用と2人組み終身年金価額の推計の2つの問題を今回検討したことを述べ，次に前者について

「私の考えとは異なり，50歳から75歳までの間は死ぬチャンスがずっと大きくなることに気がついた」と述べる。そして「50歳の人々は正確には次のように死んでいくであろう」として，各5年間の死亡率を改めて次のように示した。

50〜55歳	55〜60歳	60〜65歳	65〜70歳	70〜75歳
1/6	1/5	1/4	1/3	1/2

死亡率は1/6から1/2まできれいに増大しているが，死亡数でみるとそれぞれの5年間での減少数は同一となる。例えば50歳時の人口を30人だとすると各5年間で5人ずつ逓減していく。すなわちこの25年間は毎年1人ずつ死んでいく等差数列となっている。

ここでデ・ウィットは，ある年齢階層の年間死亡数を一定とする彼の生命表での前提が，この経験的な生命表によっても確かめられた，と考えたのである。なぜなら，表4-4のフッデの生命表から50歳以後の各5年間の死亡率を求めると次のようになり，彼が想定した死亡率と非常によく近似するのである。

50〜55歳	55〜60歳	60〜65歳	65〜70歳	70〜75歳
0.160	0.205	0.259	0.322	0.468

しかし，毎年一定数が死ぬ等差数列とみなせるのは75歳までである。デ・ウィットは，そこで行をあらためて75歳から90歳までの各5年間の死亡率を想定してみせるが，それはただフッデの生命表に合わせただけであるようにみえる。両者を並べてみよう。

	75〜80歳	80〜85歳	85〜90歳	90〜100歳
デ・ウィット	3/5	2/3	7/9	1/1
フッデ	0.591	0.704	0.813	1

この後デ・ウィットは，50歳時購入者にとっての単身終身年金価額を上記の2つの死亡率で計算した結果を示す。当然のことながら，両者は非常に近い値を示したのであった。

以上のことからデ・ウィットは，実際の大量の死亡者記録がえられてもそのまま生命表として利用することはせず，（真の死亡秩序を示すと思われる）ある数量的秩序をその数値の表のなかから帰納ないし検出しようとしていた，とみることができるであろう。

IV 結 び

　イギリス政治算術はグラントの時期に，幼児期の高い死亡率はそれ以後低下安定するが，その安定時の傾向はなんらかの数量的秩序であらわしうる，と考えていた。おそらく身辺的な経験的認識による判断であろう。この点はハレーも同様であり，多数の死亡記録から求めた年間死亡数・死亡率を単純な等差数列，等比数列であらわそうとして成功しなかった。多数の死亡記録からきれいな数量的秩序を帰納してみせたのは英国のゴンペーツであった（1825年）。彼は幼児期以後に関し，年齢で等比数列的に増加する死亡率から求めた死亡数が，そのころ生命保険会社に蓄積された経験生命表によくあてはまることを示した（ゴンペルツ曲線）。このようにイギリス政治算術は，直接経験や死亡記録から死亡率・死亡数の数量的秩序を帰納する試みを続けてきた。

　人口論史研究者のデュパキュエは，この人口に関わる政治算術が英国ではハレーとゴンペーツの間で事実上の空白を示すのに対し，その間の18世紀中葉，ケルセボームとストルイク（蘭），ドゥパルシュー（仏）らがこの政治算術の発展を担ったが，その基礎を築いたのはデ・ウィットやフッデらによる終身年金の評価と死亡記録の研究であった，という。その研究は，本章でみてきたところから以下のようにまとめられるであろう。

　まず一方で，合理主義的に体系化されている確率理論の具体化が進められた。ホイヘンスは，仮定（公理）から順にかつ厳密に諸命題を証明していこうとした点でパスカル＝フェルマー以上に大陸派合理主義的であったが，チャンスの価格を確率と損益に分解せず偶然をともなう取引の価格という概念にとどめていた。そこでの「aをえるp個の偶然的可能性とbをえるq個の偶然的可能性」が「それぞれでa_iをえるp_i個の偶然的可能性」の場合に拡大され，さらに「a_iの年金を受領したp_i人がi歳で死ぬ場合」へと具体化された。他方，終身年金購入者の死亡記録を中心に第一次資料の収集・整理・製表が行われ，そこにあらわれた度数分布を加工・分析して各種の数量的秩序の帰納・検出が試みられたが，それは，多様な形での検証をともなっていた。この両者の結びつ

きにおいて，終身年金現在価額の推計という現実的社会問題に対する一つの数量的提案がなされたのである。

これはまさに「統計学の2つの源流の対立」に対するオランダ的統合であった。さらにいえば，それは英国に生まれた政治算術のオランダ的発展でもあった。政治算術の学説史的研究はわが国でも広く行われてきたが，このような人口に関わる政治算術は「俗流的」としりぞけられる場合が多かった。しかし現在，そこでの方法論の意義をいま一度考え直してみる必要があるのではないだろうか。

注
(1) 吉田忠 (1974) 第1～3章参照。
(2) 以上のホイヘンス「チャンスの価格」については，本書第2，3章参照。
(3) 本書第1章参照。
(4) Dupâquier (1996) pp.26-28. ブラウン，水島一也訳 (1983) 100-101頁。
(5) De Witt (1671) 参照。その英訳は，Hendriks (1852) pp.232-250に収められているが，同じ英訳が Barnwell (1856) にも載せられている。なお，デ・ウィットは若き日，ライデン大学でスホーテン教授から数学を学び，そのころ書いた円錐曲線に関する論文は，フッデの論文とともに，スホーテンがラテン語に訳したデカルト『幾何学』に付録として収録された。
(6) Hendriks (1852) pp.257-258.
(7) Pontalis (1885) pp.192-193.
(8) 本書第1章参照。
(9) 本書第2章参照。
(10) グラント，久留間鮫造訳 (1668)。なお吉田忠 (1996) 18-19頁参照。
(11) Halley (1693) 参照。
(12) 例えば，ヨーン，足利末男訳 (1956) 229-230頁参照。
(13) Dupâquier (1996) p.23.
(14) Halley (1693) p.6. なお本書第6章，表6-4参照。
(15) De Witt (1671) p.349, Hendriks (1852) pp.249-250.
(16) Huygens, C. (1888-1950) Vol. 7, p.59.
(17) Hendriks (1852) p.101.
(18) Huygens, C. (1888-1950) Vol. 7, pp.95-98.
(19) *ibid*. p.96.
(20) Hendriks (1853) pp.105-107.
(21) Gompertz (1825) p.518. ゴンペルツ曲線は簡単には，x歳の死亡率 $\mu(x)$ が

$\mu(x) = AB^x$ とあらわされ，半対数グラフ上では直線になる。
(22) Dupâquier (1996) pp.83-119.

参考文献

① Barnwell (1856) *A Sketch of the Life and Times of John De Witt*, N.Y.
② Bernoulli, J. (1713) *Ars conjectandi, in "Die Werke von Jacob Bernoulli"* Bd Ⅲ, Basel, 1975.
③ ブラウン，水島一也訳 (1983)『生命保険史』明治生命100周年記念刊行会。
④ De Witt (1671) Vaerdye van Lyf-Renten naer proportie van Los-Renten, in *"Die Werke von Jacob Bernoulli"* Bd Ⅲ, Basel, 1975.
⑤ Dupâquier (1996) *L'invention de la table de mortalité, de Graunt à Wargentin*, Paris.
⑥ グラント，久留間鮫造訳 (1668)『死亡表に関する自然的および政治的諸観察』第一出版。
⑦ Gompertz (1825) On the Nature of the Function expressive of the Law of Human Mortality, and on a new mode of determining the Value of Life Contingencies, *Philosophical Transactions,* Vol. 115.
⑧ Halley (1693) An Estimate of the Degrees of the Mortality of Mankind, drawn from curious Table of Births and Funerals at the City of Breslaw; with an Attempt to ascertain the Price of Annuities upon Lives, *Philosophical Transactions*, Vol. 17.
⑨ Hendriks (1852) Contributions to the History of Insurance, and of the Theory of Life Contingencies, with a Restoration of the Grand Pensionary De Witt's Treatise on Life Annuities, in *Assurance Magazine*. Vol. Ⅱ.
⑩ Hendriks (1853) Contributions to the History of Insurance, and of the Theory of Life Contingencies, with a Restoration of the Grand Pensionary De Witt's Treatise on Life Annuities, in *Assurance Magazine*. Vol. Ⅲ.
⑪ Huygens, C. (1888-1950) *Oeuvres Complètes de C. Huygens*, 's-Gravenhage.
⑫ Pontalis (1885) translated by S. E. and A. Stephenson, *John De Witt*, Vol. Ⅱ, London.
⑬ 吉田忠 (1974)『統計学―思想史的接近による序説―』同文舘出版。
⑭ 吉田忠 (1996)「出生と死亡における「神の秩序」」『世界思想』(世界思想社) 1996年春号。
⑮ ヨーン，足利末男訳 (1956)『統計学史』有斐閣。

第5章
18世紀前半のオランダにおける確率論と統計利用の展開
――ストルイクを中心に――

I　はじめに

　古典的確率論の基礎を作ったパスカル＝フェルマーの往復書簡（1654）では，いくつかの賭けの問題が取り上げられたが，それらは必ずしも体系的ではなかった。これに対しホイヘンスの『運まかせゲームの計算』（1657）では，まずある前提をもとに基本命題が証明され，次にそれをもとにしながら諸命題が順に証明されている。このように史上初の確率に関する著作の名に相応しく体系的であるが，そこでの基本概念は「確率」ではなく「チャンスの価格」であった。即ち，起きうる総ての場合の数 n 通りに対しある事象が r 通りで起きる時のその事象の確率 r/n ではなく，その事象が起きれば a 円が得られ起きなければ b 円が得られる時の $\{ar+b(n-r)\}/n$ をチャンスの価格と呼び，これを基本概念とした。この式は期待値と同じであるが，確率を前提とせずに定義されている限り概念的には別のものである。後述するように，当時西欧で最も繁栄していた通商国家オランダでは，リスクを含む取引（aleatory contract と呼ばれる）が各種保険の形で広まっていたが，その取引契約での価格が即チャンスの価格であったと見る事ができる。このように，体系的でアカデミックな著作であったにもかかわらず，オランダの社会経済を反映したものでもあった。[1]

　ホイヘンスに続いたのがデ・ウィットとフッデである。この3人はライデン大学のスホーテン教授のもとで数学を学んだが，生涯研究生活を送ったホイヘンスに対し，デ・ウィットは若くして政治家に転じ，独立後多事多難の共和国連邦を指導した。フッデも行政官になり，やがてアムステルダム市長にな

る。当時，対英仏戦争のための軍備拡充財源として連邦政府が取り上げようとしたのが（一時払い）終身年金の発売であった。終身ないし有期での年金制度は，封建社会においても全財産寄進者に対する教会の反対給付等の形で行われていた。しかし商業と都市の発展と共に，市民に対する（一時払い）終身年金の発売が都市政府の財源拡充策として始められた。これもまずイタリア諸都市で始まったが，やがて15, 16世紀以降ネーデルランド諸都市で広く普及した。デ・ウィットは，ある市民が終身年金を購入するのは aleatory contract であり，もし年齢別死亡率（生命表）が使えればその妥当な契約価格をチャンスの価格として求めうる，と考えた。そしてある生命表と利子率を前提に将来得られる年金を現在価還元して終身年金の現在価額を求め，それを実際の販売価格と比較してみせた（1671）。この現在価額評価に協力したのがフッデであるが，彼はアムステルダム市発売の終身年金記録から生命表を作成している（1671）[2]。

17世紀半ばのオランダにおける確率論研究と統計利用の実態は以上のようなものであったが，18世紀前半にそれを担ったのがストルイクであった。彼がこれらの蓄積をいかに継承発展させたか，またそこでオランダ的特質がどうなっているか，これを明らかにする事が本章の課題である。

II　ストルイクの生涯と業績

ストルイクの生涯はあまり詳しく知られていない。仏訳『ストルイク著作集』の序文や K. ピアソン *"The History of statistics in the 17th and 18th Centuries"* 等によると，次の如くである[3]。1687年5月19日，アムステルダムの金銀細工師の子として生まれた彼は，富裕な市民だった父のおかげでよい教育を受けた。大学で学んだという記録こそないが，古典語に通じていただけでなく英独仏語で書かれた最先端の数学や物理学の著作を読破理解していた。彼はプロテスタントの再洗礼派であったが，生涯を独身で過ごし，商業数学，会計学，天文学等を教える「教師」として暮した，という。1724年のアムスデルダム市での市民登録によると "mathesius (mathematician)" となっていた。やがてその業績を通して国際的に知られるようになり（あのオイラーとも交流があった），1749年にはロン

ドン王立協会の会員，また後にフランス科学アカデミーの会員に選ばれているが，1769年5月15日，アムステルダムで死去した。主著は参考文献にあげた3点（及び仏訳『ストルイク著作集』）であるが，タイトルを邦訳すると次のようになる。

(A)『算術及び代数の方法を用いたゲームにおけるチャンスの計算，併せて富くじと利子に関する論文』1716。
(B)『一般地理学入門，併せて天文学及びその他に関する論文』1740。
(C)『彗星の記述，及び整理された諸経験からの人類の状況に関するより詳しい諸発見（の続編），併せて2，3の天文学，地理学，その他に関する考察』1753。

著作(A)の全文及び著作(B)，(C)の一部が仏訳『ストルイク著作集』に収められている。なお，著作(B)はストルイクの名声を確立した最も重要な著作だと言われているが，その目次は次の通りである。

［第Ⅰ部］1．一般地理学について。2．宇宙の全体像（恒星，太陽，地球，…）。3．地球の各地域（ヨーロッパ，アジア，…）。4．人間（総数，宗教別・言語別人数）。5．山岳。6．鉱山。7．森林，湿地，砂漠および植物。8．動物。9．地球の内面。10．水面。11．大気。12．地理学の関連する部分。13．地理学の比較すべき部分。14．船舶航海。15．数表（三角関数，対数）。（以上，176頁）。

［第Ⅱ部（付論）］1．彗星に関する一般的知識。2．木星の軌道。3．地球の大きさに関する論文。4．月の大気の研究。5．月食，日食の研究。6．総ての彗星に関する短論。7．人類の状態に関する諸仮説。8．終身年金の計算。9．人類の状態に関する諸仮説と終身年金の計算への補遺。（以上，392頁）。

見られる通り，ストルイクの「一般地理学」は宇宙の構造，日月星辰に始まり，地球に関わる森羅万象総てを包括する壮大なものであるが，その外延の広さに対し体系性が欠落している点は否めない。加えて，仏訳『ストルイク著作集』に収録されたのは第Ⅱ部付論の7，8，9のみであり，量的には全文568頁中71頁に過ぎない。これは仏訳著作集の編集者が，デ・ウィット，フッデ等の終身年金価額推計と人口統計・生命表に関する研究の継承，発展を基準において，著作(B)から論文を選択したためであろう。

III　ストルイクの業績への評価

　ハルトは，ストルイクの確率論の各分野における貢献として，1. ホイヘンス著書の付録5問の解法，2. Coincidence，3. Waldgrave's Problem，4. Pharaon，5. Struyck's randomized number of trial，の5つをあげているが，最大の貢献は1.であろう。なぜなら，17世紀半ばから一世紀の間，西欧で確率論研究の推進力となったのはホイヘンス『運まかせゲームの計算』に付録として解法抜きで付せられた5問のより完全な解を求める競争であり，一般にその貢献者としてJ. ベルヌーイ，モンモール，N. ベルヌーイ，ド・モアヴール等があげられるが，ストルイクの業績は彼らと並ぶものであったからである。なおハルトはその著書で，上記2～5の4分野でのストルイクの貢献についても頁数を割いている。[6]

　次に人口統計・生命表や終身年金価額推計の分野での評価であるが，まず人口論史研究の第一人者，フランスのJ. デュパキュエの著書，"*L'invention de la table de mortalité*"（『生命表の推計』）の目次を見てみよう。I. John Graunt，II. J. Hudde and de Witt，III. Huygens and Leibniz，IV. Halley，V. Kersseboom, Struyck and Deparcieuex，VI. Euler，VII. Wargentin. となっている。すなわち，生命表の推計は，18世紀前半，オランダのN. ストルイクとそのライバルのケルセボーム，及びフランスのドゥパルシューによって担われていた，という事になる。[7] また，K. ピアソンも先にあげた著書のストルイクに関する部分の末尾で，次のように述べている。「私の考えでは，ストルイクは人口動態統計の分野でジュースミルヒよりもより重要な先駆者である。……彼がもしイギリス，フランスまたはドイツで生を享けていたならば，彼の著作の知名度や彼自身への声価は今とは比べものにならないくらい大きくなっていたであろう。彼の死の140年後に仏訳著作集が刊行されたことは，科学史における彼のよりフェアな位置付けを可能とした。[8]」

　要するに，著書がオランダ語で書かれていた事が彼に低い知名度をもたらした，というわけである。しかしジュースミルヒは『神の秩序』(1741)の「著

者序言」で，その刊行の1年前に出たストルイクの著書についてふれている。それは訳書で2頁にわたっているが，おおよそ次のようなものである。「私がこの著作の草稿を完成した時，二つの新たな著作が現われた。一つは，メイトランド氏の『ロンドン市の歴史』であり，もう一つは1740年にアムステルダムで出たストルイク氏の『地理学入門』(オランダ語)である。(中略)ストルイク氏はドイツ人の間ではほとんど知られていないが，偉大な数学者・天文学者である。彼は，先行諸著作にあるデータ，自ら収集したデータをもとに推計を述べている。しかし，この著作での彼の主要な意図は，これらの観察を終身年金価額の推計に役立たせようとするところにある。だから私は彼の著作から，終身年金に関する部分を本書に引用した。」[9]事実その第6章には，ストルイクの性別年齢別死亡率や終身年金現在価額に関する表が多数転載されている。以下，上記の両分野でのストルイクの業績について検討を加えたい。

IV ストルイクの確率論研究

彼の著作(A)は，終身年金現在価額や富くじ価格の検討においてチャンスの価格の概念を一貫させている事に見られるように，ホイヘンスの確率論を継承発展させたものである。この点は，彼がホイヘンスの著書付録の5問それぞれに独自な方法で解を与えた事，特に最後の第5問に完全解を与えた方法が高く評価されている事等にも見られる。しかしホイヘンスと大きく異なるのは，その著書が体系性を欠いている点，極言するとさまざまな問題が難易度の順に並んだ「例題集」のようなものである点である（ホイヘンスの著書付録の5問への解も，あちらこちらで別々に出てくる）。それは，ユークリッドの方法に準ずる形で命題が配列されているホイヘンスの著書とは対照的である。

著作(A)のⅰ)「算術の方法によるチャンスの計算」では，運まかせゲームのチャンスの価格が素朴な「場合の数の数え上げ」を始めとする算術の方法で計算され，ⅱ)「代数の方法によるチャンスの計算」では，変数からなる一般式で与えられたチャンスの価格の問題に，順列・組合せ，等比数列の和の公式等の代数的方法を用いて一般解を与えている。しかし，いずれにおいても同種の問題のバー

ションアップを次々と並べ, 煩瑣膨大な計算をへてその解を求めている。だからこの「例題集」は実際の計算力・応用力を高めるための「実用問題例題集」だ, と言う事ができる。iii)「代数と算術による富くじと利子の計算」では, 運まかせゲームでのチャンスの価格計算そのものが扱われない代わり, 終身年金現在価額や富くじ価格の問題が出てくる。それも終身年金や富くじにおけるチャンスの価格を求める問題だけでなく, 各種の終身年金の間での有利性比較や終身年金購入と貸付利子との有利性比較を長期複利計算で求める問題, 賞金が5年後, 10年後, 15年後に分けて支払われる仕組みの富くじで, ある利率の金額が差し引かれた賞金を繰り上げて受領できる, 逆にある利率の金額がプラスされた賞金を繰り下げて受領できる場合, ある時点で全額をまとめて受領しようとする場合等の受領金額を同じく複利計算から求める問題が次々に出てくる。

ここで例を一つあげる。年利回り r_1 の終身年金で, 毎年の受取額を受取直後に年利率 r_2 で複利運用した元利合計が n 年後に, 年金購入額を年利率 r_2 で複利運用した元利合計と等しくなったとする。その時の元利合計は元金の何倍か。解: 年金受取額の複利運用の元利合計は等比数列の和の公式から $Xr_1\{(1+r_2)^n -1\}/\{(1+r_2)-1\}$ である (X=年金購入額)。これと $X(1+r_2)^n$ を等値すると $(1+r_2)^n = r_1/(r_1-r_2)$ がえられる。[10]

このような著作(A)の「実用問題例題集」的性格は, 「13世紀商業革命」で生まれた市民・商人が必要とした「商業算術」の延長上にあるもの, と見る事ができる。アカデミズムの中で生まれたホイヘンスの確率論や都市財政の必要から生まれたデ・ウィット, フッデの終身年金・生命表との大きな相違であるが, この点については後にふれる。

ここで, ホイヘンス著書の付録5問から第1問と第5問を取り上げ, ストルイクによる解を見てみよう。彼の方法の特色はこれらの問題によく表れているからである。まず第1問, 「A と B が2個のサイを投げ, A が目の和6を, B が7を先に出したら勝ちとする。まず A が1回投げ, 次に B が2回, A が2回投げる。以後両者は交互に2回ずつ投げる。A と B のチャンスの価格を求めよ。」である。[11]

算術的方法 A, B の投げる順番を $(A1), (B1), (B2), (A2), (A3), (B3), (B4)$ …, それぞれでのチャンスの価格を $E(A1), E(B1), E(B2), E(A2),$

$E(A3)$, $E(B3)$, $E(B4)$…とする。各回で A が目の和 6 を出す場合の数は 36 中 5 通り, B が 7 を出すのは 36 中 6 通りである。A が最初に勝って得る賞金を 1 とする。ストルイクはまず ($B1$) からのゲーム ($B1$), ($B2$), ($A2$), ($A3$) …を考えそこでの両者のチャンスの価格の比を求める。このゲームの最初の ($B1$) で B が得る賞金は, ($A1$) での A の賞金 1 からそこでの A のチャンスの価格 $E(A1)$ を引いた額である。これを X とおく ($X=31/36$)。このように各回で勝者が得る賞金は, その前回の賞金からそこでのチャンスの価格を引いた額である。

($B1$)	($B2$)	($A2$)
6 X	6 $\{X-(6/36)X\}$	5 $(25/36)X$
30 0	30 0	31 0
$E(B1)=(6/36)X$	$E(B2)=(5/36)X$	$E(A2)=(125/1296)X$
($A3$)	…	
5 $(775/1296)X$		
31 0		
$E(A3)=(3875/46656)X$	…	

これを続けると, ($n=1, 2, …$) に対し, $\{E(B(n))+E(B(n+1))\}/\{E(A(n+1))+E(A(n+2))\}$ が一定である事が知られる。すなわち, $[E(B1)+E(B2))\}/\{E(A2)+E(A3)\}=14256/8375$ は, ($B1$) から始まるゲームでの A と B とのチャンスの価格の比である。従って, B のチャンスの価格は, $14256/(14256+8375)=14256/22631$ となる。また第 1 問そのものは, A が 1 回負けた上でこのゲームを行う場合になるから, そこでの B のチャンスの価格は, $(31/36)×(14256/22631)=12276/22631$ となる。

代数的方法 まず X が i 回, Y が k 回サイを投げ, 続いて X が r 回, Y が s 回投げる。以後はこの r 回, s 回のサイ投げを繰返すとした時, 賞金額を 1 円とする X のチャンスの価格 $E(X)$ を求める。X と Y が各回のサイ投げで負けるチャンスの大きさを a, b とする。X のチャンスの価格 $E(X)$ は, 次のような無限等比数列の和として得られる。

$$E(X)=(1-a^i)+a^ib^k(1-a^r)+a^ib^ka^rb^s(1-a^r)+a^ib^ka^{2r}b^{2s}(1-a^r)+…$$
$$=(1-a^i)+a^ib^k(1-a^r)\{1+a^rb^s+a^{2r}b^{2s}+…\}$$
$$=(1-a^i)+\{a^ib^k(1-a^r)\}/(1-a^rb^s)$$

この公式を第1問に適用する時は，$Y, X, X, Y, Y, \cdots$ とせねばならぬから，$Y=A$, $X=B$ であり，$i=0$, $k=1$, $r=2$, $s=2$, $a=30/36=5/6$, $b=31/36$ となる。これらを代入すると，$E(X)=E(B)=12276/22631$ となる。以上，ストルイクはその方法でチャンスの価格の概念を一貫させている。

次に，ホイヘンス付録第5問は，「A, B がそれぞれ12個のコインを持ち，3個のサイを順に投げる。目の和11が出る度に A は B にコイン1個を与え，14が出る度に B は A にコイン1個を与える。先に相手のコインを総て手に入れた方が勝ちとする時，両者のチャンスの価格の比を求めよ。」であり，「破産問題」と呼ばれる。[12]

算術的方法 ここでのストルイクの方法は巧妙であるが，同時に複雑なので，ここではその要点のみを述べる。まず B がコインを1枚しか持たぬ時のチャンスの価格を1とし，9:5の勝ち目で次々と手持ちのコイン枚数を増加させた場合，それぞれの枚数におけるチャンスの価格を求める。そしてその増加分が公比5/9の等比数列になる事を見出す。それを使って B の手持ち枚数が24枚の時，即ち A を破産させる時のチャンスの価格に対する12枚所持の時のチャンスの価格の比を求め，それが $9^{12}/(9^{12}+5^{12})$ となる事を示した。即ち，A と B が12枚を所持する時のチャンスの価格の比は，$5^{12}:9^{12}$ になる。この方法は基本的に第1問の算術的方法と共通するが，ここでは等比数列の和の公式が使われている。

代数的方法 A はコインを r 枚持っており b 通りで勝つとし，B は s 枚持っていて c 通りで勝つとする。$r+s=d$ とする。A がコインを1，2，3枚持つ時のチャンスの価格を x, z, y とすると，次のようになる。

$$x=\{b/(b+c)\}z+\{c/(b+c)\}0 \tag{1}$$
$$z=\{b/(b+c)\}y+\{c/(b+c)\}x \tag{2}$$

(1)から

$$z=x+(c/b)x \tag{3}$$

(3)を(2)に入れる。

$$y=x+(c/b)x+(c/b)^2x$$

これを繰り返すと各所持枚数での A のチャンスの価格は，次のような x の関数になる。

第5章　18世紀前半のオランダにおける確率論と統計利用の展開　97

所持枚数　　チャンスの価格
　1　　　　x
　2　　　　$x+(c/b)x$
　3　　　　$x+(c/b)x+(c/b)^2x$
　4　　　　$x+(c/b)x+(c/b)^2x+(c/b)^3x$
　…
　r　　　　$x+(c/b)x+(c/b)^2x+\cdots+(c/b)^{r-1}x=\{1-(c/b)^r\}/\{1-(c/b)\}x$
　$r+s$　　$x+(c/b)x+(c/b)^2x+\cdots+(c/b)^{r+s-1}x=\{1-(c/b)^{r+s}\}/\{1-(c/b)\}x$

r 枚の右辺を $r+s$ 枚の右辺で割るとチャンスの価格全体での A の取分が得られる。またそれを1から引くと B の取り分が得られる。

$$A \text{の取分}=\{b^s(b^r-c^r)\}/\{(b^d-c^d)\}$$
$$B \text{の取分}=\{c^r(b^s-c^s)\}/\{(b^d-c^d)\}$$

もし $s=r$ ならば，A の取分：B の取分 $=b^r:c^r$ となる。

ここでも第1問の代数的方法と同じく，等比数列の和の公式を使って求めた一般式を問題に適用している。ここで注目したいのは，後世この解法に「差分方程式の解法の適用」という評価が与えられている事である。それを指摘するのはハルトと安藤洋美である。[13]

r 枚所持のチャンスの価格を $E(r)$ とすると，次の2階線形差分方程式が得られる。

$$E(r)=\{b/(b+c)\}E(r+1)+\{c/(b+c)\}E(r-1)$$

これを次の形に変えた上，r に順次小さい数を入れていく。

$$E(r+1)-E(r)=(c/b)\{E(r)-E(r-1)\}$$
$$=(c/b)^2\{E(r-1)-E(r-2)\}$$
$$\cdots$$
$$=(c/b)^rE(1) \quad \text{ただし } E(0)=0$$

一方，$E(r)=\{E(r)-E(r-1)\}+\{E(r-1)-E(r-2)\}+\cdots+\{E(1)-E(0)\}$ だから，

$$E(r)=(c/b)^{r-1}E(1)+(c/b)^{r-2}E(1)+\cdots+(c/b)^0E(1)$$
$$=E(1)[\{1-(c/b)^r\}/\{1-(c/b)\}]$$

となる。即ち，先の，コイン r 枚所持でのチャンスの価格を逐次求め，そこで

得られた等比数列の和を求めるストルイクの方法と結果的に一致する。

以上, ストルイクによるホイヘンスの付録第1, 第5問の解法を見てきた。彼は, ホイヘンス以後に発展した代数学の方法を利用して第5問に完全な解を与えた。その業績は, J. ベルヌーイ, モンモール, N. ベルヌーイ, ド・モアヴールらと比肩しうるものである。

V　ストルイクの人口統計・終身年金研究

ストルイクの第2の研究分野である人口統計・生命表や終身年金の問題は, 著作(A) iii) でも一部扱われているが, 主に著作(B)と著作(C)とで扱われている。ここでは, 著作(B)第Ⅱ部(付論) 7. 人類の状態に関する諸仮説(特に人口統計), 8. 終身年金の計算, 9. (7. と8. の)補遺(特に生命表), を取り上げて検討したい。

1) 人口統計　ストルイクは第Ⅱ部7. 人類の状態に関する諸仮説を, そのタイトルにある「仮説」の説明から始める。「私はこの研究を仮説と呼びたい——その不確実さをもって。事実, われわれはいろいろな事をほとんど知っていない。われわれは, 各地域に関する十分な観察を手にしていないのだ。」実証なしに理論として主張すればそれはドグマに過ぎないが, 「われわれが手にしている少数の観察を使って推量する事は可能であり, それが全くの役立たずだという事はない。」しかし, それは仮説にとどまっている事をわきまえていなければならない[14]。これを読む者は, F. ベーコンらのイギリス経験論哲学の認識論を基盤に経験的な諸資料から数量的規則性を帰納しようとしたペティ, グラントの政治算術の方法を想起するであろう。ストルイクは, 政治算術の方法だけでなくその認識論的基盤をも英国から学んでいたのである。

しかしロンドンでの「死亡表」の分析に集中できたグラントと異なり, 世界の地域・国・大都市の人口現象を対象にしようとするストルイクは, 当然ながらそのための確実で信頼できる資料を手にする事はできなかった。まず静態人口である。当時のヨーロッパでは各種の人口推計が行われていたが, 地域的時代的に断片的であり, その推計方法も曖昧なものが多く統一性を欠いてい

た。ヨーロッパ以外の地域・国に関しては旅行・滞在の見聞記の類に頼らざるを得ない。このような不十分な資料に基づいて行ったストルイクの人口推計を，K. ピアソンは"the crudest guessing"と呼んでいる。しかしストルイクの人口統計では，ヨーロッパ諸都市での資料をもとにした人口動態に関する「仮説の発見」に高い評価が与えられている。当時のヨーロッパでは，教会の洗礼・埋葬記録や終身年金購入者記録等で数多くの人口動態に関する資料が利用可能となっていたからである。

そこで見出された主要な「仮説」であるが，まず年間の出生数と死亡数とのバランスである。彼は，正常な状態では常に前者が後者を上回るが，伝染病や戦争という異常事態で死者が急増し，長期的には各国人口はほぼ一定になる，と見た。そして，長期的な人口増加は国土を人々で埋め尽くして多数の餓死者を生み出すし，逆の人口減少は国土の過疎化を生み出す——これらは，創造主の望むところではない，と主張した。この点，資料から見出した人口の恒常的な増加傾向を創世記の「生めよ殖やせよ地に充てよ」と結びつけたジュースミルヒとは対照的であり，マルサス「人口論」との関連を指摘する事もできよう。

次に，彼の年齢別死亡率即ち生命表である。彼は，ロンドンでの1731～1737年の10歳間隔の死亡数から始めて，メイトランドやハレーの生命表を検討する。しかし，自ら作成した生命表は後で示すと述べて，検討の結論を後回しにする（それは，第2部9．補遺で示される終身年金購入者からの性別年齢別死亡率であろう）。続けて，主要各都市での出生児性比を示し，それが女児100に対し男児104～108となっていて男児が多い事を指摘する。しかし一方で，より多く生まれる男性は女性よりもより多く死んでいる事，特に出生直後から乳児期にその死亡率がより高い事（また死産も男児がより多い事）等が指摘される。

これらストルイクが見出した「仮説」に対しK. ピアソンは，第二次資料の利用が多い事を指摘しつつも，乳児期男児の高い死亡率を見出した事といくつかの都市で宗教の宗派別信者数の表を作成しようとした事が，特にストルイクの独創的な貢献であるとする。しかし，K. ピアソンはストルイクを人口動態に関してジュースミルヒに優ると述べた事を考えると，この評価は少し偏狭ではないか。またストルイクの宗派別信者数に対する関心は，彼が宗教に寛容であったオランダに生まれた事と無関係ではないであろう。

2）**終身年金の計算**　ストルイクは第Ⅱ部 8．終身年金の計算の節を，「人類の死亡の法則を知る事は，それが確かなものである限り極めて有用なものとなり得る。もし，これまでにその法則をよりよく知り得ていたならば，終身年金の価額はより安いものになっていたであろう。」という文章で始め，続けてデ・ウィットの業績を紹介する[19]。だから人は，その後すぐに信頼できる生命表の作成の問題に入るだろうと考える。しかしストルイクは，ある生命表，年金利回り，一般利子率等を仮定して終身年金の現在価額の推計から始める。そしてその近似値を簡単な演算から求める「簡便法」が示される。さらに先に見たような終身年金購入とその他各種の資金運用との有利性比較の問題，年金利回りを年齢段階で漸増させる各種の年金の比較問題等を取り上げる。このように問題の取り上げ方に一貫性を欠いているが，ここでも著作（A）の「実用問題例題集」と同様な性格を読み取る事ができよう。

　この商業算術的問題がしばらく続いた後，突然（と言ってよいような形で），表 5-1 のような10000人から始まる 5 歳階級別の生存者数が現れる。この生命表はその作成方法の説明が示されていないのでケルセボームから偽造だと非難された[20]。その詳細な作成方法が分れば，そして正確であったならば，貴重な生命表であると言える。しかしストルイクは再び終身年金をめぐる商業算術の問題に戻ってしまう。さらにこの章の最後の部分では，純粋なチャンスの計算の問題が取り上げられている。終身年金をめぐる商業算術の問題を解いている途中，彼は，信頼できる生命表を得るためには膨大な死者数の記録を持つ終身年金の記録簿を利用する他はないと述べる。しかし，それが実際に行われるのは第Ⅱ部 9．補遺においてである。

表 5-1　10000人の生命表

年齢	生存者	死者	年齢	生存者	死者	年齢	生存者	死者
5	9337	663	35	5160	724	65	1193	548
10	8719	618	40	4440	726	70	725	468
15	8060	659	45	3710	730	75	360	365
20	7352	708	50	3009	701	80	127	233
25	6618	734	55	2350	659	85	25	102
30	5890	728	60	1741	609	90	0	25

出所：参考文献⑩ p.201.

3）生命表　彼は9．補遺の冒頭で具体的な終身年金記録から作成された性別年齢別生存者数を初めて提出する。それは，1672年7月，1673年1月に発売された終身年金記録にある男性807人，女性891人をもとに作成されたものである。まず，全体として女性が長生きである事等を指摘した後，男性794人，女性876人に関して5歳間隔別の生存数が2枚の表で示される（表5-2，ただし男性の部のみを示した）。本来なら，終身年金現在価額算出に必要な年齢別死亡数（または生存者数）をこの表から作成し，それを作成方法と共に示すべきであろう。しかし，ストルイクは先に性別年齢別の終身年金現在価額を表示し，その後で性別年齢別生存者数を示している。表5-3が5歳以上の男性の年齢別生存者数であるが，ストルイクは「表5-2の数字から導出した」と述べるのみで，その作成方法の説明はない。しかしこの表では，次のようにある年齢区間の間で年間死者数が一定とされている。だから，5歳間隔の表5-2を「平滑化」する事で各年の生存者数を示す表5-3が作られたと見る事ができよう。

　　15-20歳　7人，20-25歳　8人，25-32歳　9人，32-42歳　10人，
　　42-47歳　11人，47-58歳　12人，58-63歳　11人

　ストルイクはこの生命表をもとに，年給付額100 fl.（ただし国への税金20 fl. が差し引かれるので手取り額は80 fl.）の終身年金に関し，給付額を年利率2.5％の複利で現在価還元してその現在価額を求めた（表5-4）。この表に見られるように，男女間の大きな死亡率格差を含む生命表をもとに終身年金の現在価額を推計すると，そこに大きな男女間格差が表れる。その格差は30代から60代前半まで10％を越える（ピークは50代前半の14.8％）。この終身年金の現在価額における性別格差の指摘がストルイクの終身年金研究における最大の功績だと評価される場合が多い。確かに，男女別の終身年金購入記録から作成した生命表をもとに具体的な終身年金の現在価額を性別年齢別に推計した業績は大きい。しかし彼はそれだけでなく，各種条件の終身年金での現在価額の比較や資金運用における終身年金購入と貸付利子との比較等の問題を煩瑣膨大な計算から求めていた事を見落とすべきではない。

　他方でストルイクは，終身年金記録から作られた生命表には偏りがある事に気付いていた。それは人間の出生から死亡までを見ていない事，病弱者には

表5-2　終身年金購入者記録による男子794人の寿命

De 0 à 4ans	De 5 à 9ans	De 10 à 14ans	De 15 à 19ans	De 20 à 24ans	De 25 à 29ans	De 30 à 34ans	De 35 à 39ans	De 40 à 44ans	De 45 à 49ans	De 50 à 54ans	De 55 à 59ans	De 60 à 64ans	De 65 à 69ans	De 70 à 74ans	De 75 à 79ans	De 80 à 84ans	De 85 à 89ans	De 90 à 94ans	De 95 à 99ans
100	95	91	87	78	68	64	58	50	41	36	27	18	15	8	4	2	1		
	110	107	106	98	95	89	80	65	62	52	33	22	16	12	6	3			
		205	198	193	176	163	153	138	115	103	88	60	40	31	20	10	5	1	
			108	104	97	90	84	79	73	59	50	41	28	16	11	5	3	1	
			306	297	273	253	237	217	188	162	138	101	68	47	31	15	8	2	
				68	67	63	56	51	49	44	33	21	13	8	6	2	1		
				365	340	316	293	268	237	206	171	122	81	55	37	17	9	2	
					65	61	56	52	44	37	31	24	18	14	9	4	2		
					405	377	347	320	281	243	202	146	99	69	46	21	11	2	
						50	49	46	43	34	30	27	20	15	11	6	3	1	
						427	396	366	324	277	232	173	199	84	57	27	14	3	
							48	45	40	34	30	23	17	11	9	6	4	2	
							444	411	364	311	262	196	136	95	66	33	18	5	1
								26	23	18	13	13	13	11	5	5	2		
								437	387	329	280	209	149	106	71	36	20	5	1
									53	52	44	31	21	16	11	5	4	3	1
									440	381	324	240	170	122	82	41	24	8	
										52	48	36	31	21	12	4	2	1	2
										433	372	276	201	143	94	45	26	9	2
											43	36	29	20	15	10	7	4	1
											415	312	230	163	109	55	33	13	3
												20	19	10	9	6	2		
												332	249	175	118	61	35	13	3
													16	16	10	6	2		
													265	191	128	67	37	13	3
														8	7	4	2	1	
														199	135	71	40	15	4	1
															20	15	7	2	1	
															155	86	47	17	5	1
																7	5	1		
																93	52	18	6	1

注：表頭に続く第一行は，0歳から4歳末の間（De 0 à 4 ans）の男子100人に終身年金が購入されたが，5年の間に5人が死んで5歳から9歳末の男子95人が存命，さらに次の5年の間に4人が死んで10歳から14歳末の男子91人が存命，以下同様に見ていく。第2行は，5歳から9歳末の間の男子110人に終身年金が購入されたが，5年の間に3人が死んで10歳から14歳末の男子107人が存命，以下同様に見ていく。第3行は，5歳から9歳末の男子の存命者は合計205人，10歳から14歳末の存命者は（9歳末までに購入された男子に限ると）合計198人と見ていく。ただし第4行に見られるように10歳から14歳末の間の男子108人に終身年金が購入されたので，10歳から14歳末の男子の存命者は合計306人となる（第5行の最初の数字）。このように各行の最初の数字が各年齢間隔での生存者数になる。

出所：参考文献⑩ p.214.

第5章 18世紀前半のオランダにおける確率論と統計利用の展開　103

表5-3　年齢別生存者数（男性の部）

年齢	5	6	7	8	9	10	11	12	13	14	15	16
生存者数	710	697	688	681	675	670	665	660	654	648	642	635
年齢	17	18	19	20	21	22	23	24	25	26	27	28
生存者数	628	621	614	607	599	591	583	575	567	558	549	540
年齢	29	30	31	32	33	34	35	36	37	38	39	40
生存者数	531	522	513	504	494	484	474	464	454	444	434	424
年齢	41	42	43	44	45	46	47	48	49	50	51	52
生存者数	414	404	393	382	371	360	349	337	325	313	301	289
年齢	53	54	55	56	57	58	59	60	61	62	63	64
生存者数	277	265	253	241	229	217	206	195	184	173	162	152
年齢	65	66	67	68	69	70	71	72	73	74	75	76
生存者数	142	132	123	114	105	97	89	82	75	68	61	54
年齢	77	78	79	80	81	82	83	84	85	86	87	88
生存者数	48	43	38	33	29	25	22	19	16	13	10	8
年齢	89	90	91	92	93	94	95	96	97	98	99	100
生存者数	6	4	3	2	1							

出所：参考文献⑩ p.231.

表5-4　終身年金の現在価額

年齢	男性 (A)	女性 (B)	(B-A)/A
5－9歳	1823fl.	1931fl.	0.059
10－14	1714	1840	0.074
15－19	1608	1733	0.078
20－24	1504	1630	0.084
25－29	1401	1533	0.094
30－34	1291	1438	0.114
35－39	1184	1328	0.122
40－44	1069	1203	0.125
45－49	955	1077	0.128
50－54	840	964	0.148
55－59	756	851	0.126
60－64	661	733	0.109
65－69	575	616	0.071
70－74	481	493	0.025

出所：参考文献⑩ p.218, 221.

普通終身年金を購入しない事等による。またそれは，死亡率の高い年少者の記録が絶対的に少ないという限界を持つ。(21) そこで第II部9．補遺の最後で彼は，1700〜1800人の人口をもつ Broek in Waterland というオランダの小村で1654〜1738年という長期間にわたって記録された人口数とその構成，出生・死亡等の人口動態の記録を利用しようとする。そこで集計整理されたデータから普遍的な人口動態の諸係数を求めようとしたのである。しかし全体に対する地域の代表性から見ても，望むような成果が得られなかったのは当然であった。

VI 結びに代えて

ここで，イタリアに始まる「13世紀商業革命」に伴う算数教室，算数書，算数教師の普及についてふれたい。(22) この商業革命では商人が，商品を持って各地を旅する遍歴商人から，都市に住み，物流は代理者・専門業者に担当させ，仕入・販売の決定，代金決済等の商流部面をもっぱら担う定住商人へと移行する。そこでは代金決済や金融等に始まって高度の商業算術の必要性が増大した。14, 15世紀のイタリアでは，7歳頃からの「手習い教室」に続く2年間の「算数教室」が商人・職人の子弟の間に広まった。一方で，算数書（四則・比例に始まり，度量衡・利息計算・交換比率・利益配分等に至る俗語・粗製の教本）と商人・職人出身の算数教師が多く現れた。その算数書の集大成がルカ・パチョーリ『算術大全』である。その内容は，第1章：算術と代数，第2章：商業実務へのその応用，第3章：簿記等であり，複式簿記やイスラム伝来の代数が実用的に組み込まれていた。やがて商業革命はアルプスを越え，14, 15世紀にはネーデルランド南部が中心になる。しかし1581年の北部7州の独立戦争開始と共に繁栄の中心は北部へ移動し，16世紀後半にはホラント州のアムステルダムが国際貿易の中心拠点になった。それに伴い，ここでも算数教室，算数書，算数教師が多数現われるようになる。

以上，山本義隆の新著から商業革命に伴う算数教育の発展を見てきたが，オランダにおける商業算数はさらなる特質を持っている。一つは，これも地中海貿易から生まれた海上保険（その原型は，金主が航海者に高利で貸付け，航海が

第5章 18世紀前半のオランダにおける確率論と統計利用の展開　105

成功した時だけ元利の返済を受ける「海上貸借」)が16, 17世紀にネーデルランドで広く普及した事, 例えばロッテルダムで17世紀初頭に最初の海上保険取引所が開設された事である。この aleatory contract の商業への導入は, 当時ギャンブルゲームを素材に発展しつつあったチャンスの価格の計算(確率計算)への関心を商業算数で高める事になった。しかし実際にチャンスの価格の計算が財やサービスの売買に導入されるのは, 終身年金の売買価格の算出においてであった。

　既述したように, 中世封建社会にも見られた終身年金制度は, 商業と都市の発展と共に都市財政の財源として市民へ販売されるようになる。これも, 最初はイタリア諸都市に始まったが, やがて15, 16世紀以降特にオランダ諸都市で広く普及した。なお富くじの販売も都市財政上の目的でなされた。市民が相続や利殖の手段として終身年金を購入するようになると, その相対的有利性に関する関心が高まっていく。もし年齢別死亡率が得られたならば, 比較の基準となる現在価額が計算可能となる。加えてオランダでは16世紀から終身年金購入者記録が蓄積されていた。こうして商業算数の中で, チャンスの価格や人口統計が取り上げられるようになった。

　このような状況のオランダにおいて, ストルイクの確率論・人口統計・終身年金の研究はどう位置付けられるだろうか。もしチャンスの価格の計算が, ある利回りや利子率での終身年金の正確な現在価額の推計にとどまるならば, それを最も有効に利用できるのは, 終身年金を発売する国や地方政府の財政に責任を持つ政治家・行政官であろう。これこそデ・ウィットやフッデの立場であった (もっともデ・ウィットには終身年金購入者への配慮も見られたが)。そしてこのような財政等の諸政策の立案・評価のために量的資料を整理分析する方法こそ, 文字通り「政治算術」の名に相応しいように思われる。一方, ストルイクの業績における「実用問題例題集」の側面は, 一般の市民・商人の利害打算に関わる場で (政治算術がマクロの場で問題をとらえていたのに対しミクロの場で) 量的資料を整理分析しようとする方法である。これは, 13世紀商業革命後に現れた算数書の流れに沿うものである, と見る事ができる。その意味で,「商業算術」と呼びうるものではないだろうか。正確には, 16〜17世紀に飛躍的に発展した代数学, 確率論を踏まえたより高い水準での「商業算術」である。

またそれは英国に生まれた「政治算術」の一つの形態であり，国際政治の表舞台から去った18世紀オランダの生んだ一つの形態であった，と見る事ができる。

注
(1) 本書第1〜3章参照。
(2) 本書第4章参照。
(3) K. Pearson (1968), Struyck (1912), Klep and Stamhuis (ed.) (2002) 参照。
(4) Struyck (1716), Struyck (1740), Struyck (1753), Struyck (1912) 参照。
(5) Klep and Stamhuis (ed.) (2002) では，Zuidervaart が Early Quantification of Scientific Knowledge: N. Struyck as a Collector of Empirical Data というタイトルでストルイクを取り上げ，自然・社会に関して多数の経験的な標本・事例等を収集し，そこに何らかの数量的パターンを検出しようとする18世紀特有の mixed mathematics の流れの中にあった事，また彼が特にハレーからの強い影響に基づいて彗星と人口統計の研究に向かった事を指摘している。pp.125-148.
(6) Hald (1990) p.394. ハルトは，Coincidence, Waldgrave's Problem, Pharaon, Struyck's randomized number のそれぞれに関するストルイクの業績について，p.335, 379, 302, 216. でふれている。
(7) Dupâquier (1996) 参照。
(8) K. Pearson (1968) p.347.
(9) ズュースミルヒ，髙野・森戸訳 (1969) 12-13頁。
(10) Struyck (1912) pp.132-33. なお，このⅲ)のタイトルに「利子」が使われているのは，このように複利計算が数多く使われているためであろう。また，ストルイクが「会計学者」とされる場合も，同じ理由によるものと思われる。
(11) 算術的方法は *ibid.* pp.32-34，代数的方法は pp.61-62を参照。
(12) 算術的方法は *ibid.* pp.40-42，代数的方法は pp.108-109を参照。なお，ホイヘンス著書の付録5問のそれぞれに対する各種解法については本書第3章Ⅲを参照。
(13) Hald (1990) p.203，安藤洋美 (1992) 86頁。両者は2階線形差分方程式を同じく逐次代入法で解いている。
(14) Struyck (1912) p.165.
(15) K. Pearson (1968) p.335.
(16) Struyck (1912) pp.174-175.
(17) *ibid.* pp.176-187.
(18) K. Pearson (1968) p.340.
(19) Struyck (1912) p.194.
(20) Dupâquier (1996) p.95. なお本書第6章Ⅵ参照。

(21) Struyck (1912) p.217，ただし，偏りの方向と大きさにはふれていない。
(22) 以下，13世紀商業革命とその結果としての算数教室，算数書，算数教師の出現については，山本義隆 (2007) による。
(23) ブラウン，水島一也訳 (1983) 97頁。

参考文献
① 安藤洋美 (1992)『確率論の生い立ち』現代数学社。
② ブラウン，水島一也訳 (1983)『生命保険史』明治生命100周年記念刊行会。
③ Dupâquier (1996) *L'invention de la table de mortalité*, Paris.
④ Hald (1990) *A History of Probability and Statistics and their Application before 1750*, N.Y..
⑤ Klep and Stamhuis (ed.) (2002) *The Statistical Mind in a Pre-Statistical Era: The Netherlands 1750–1850*, Amsterdam.
⑥ K. Pearson (1968) *The History of Statistics in the 17 th and 18 th Centuries*, London.
⑦ Struyck (1716) *Uytreekening der Kansen in het Speelen, door de Arithmetica en Algebra, beneevens eene Verhandeling van Looterijen en Interest*, Amsterdam.
⑧ Struyck (1740) *Inleiding tot de algemeene Geografie, beneevens eenige sterrekundinge en andere Verhandelingen*, Amsterdam.
⑨ Struyck (1753) *Vervolg van de Beschrijving der Staartsterren, en nadere Ontdekkingen omtrent den Staat van het menschelijk Geslat, uit Ondervindingen opgemaakt, beneevens eenige sterrekundige, aardrijkskundige en andere Aanmerkingen*, Amsterdam.
⑩ Struyck (1912) *Les Oeuvres de Nicolas Struyck*, Amsterdam.
⑪ ズュースミルヒ，高野・森戸訳 (1969)『神の秩序』(統計学古典選集復刻版第3巻) 第一出版。
⑫ 山本義隆 (2007)『16世紀文化革命1』みすず書房。

第6章
18世紀オランダの人口統計
―― ハレーからケルセボームへ ――

I　はじめに

　17世紀半ばのオランダでなされたホイヘンス，デ・ウィット，フッデらによる確率論と人口統計論（生命表作成と終身年金現在価額評価）の展開は，フランス確率論とイギリス政治算術とを方法論的に統合しながら継承発展させたものであった。そしてその背景には，通商国家として海上保険が広がり始めた事，都市財政の歳入策として一時払い終身年金が発売されていた事等があった。即ち，これら「リスクを含む取引」の普及とそれによる生命表等の量的事実資料の整備が社会現象における確率論の適用分野を拡大し，そこでの統計的方法の発展をもたらしたのである。この流れは18世紀半ばストルイクにより，確率論の理論的展開と人口統計の方法論的拡大においてさらなる発展が進められたが，それは当時の西欧でも最高水準にあったと評価できる。[1]

　18世紀中葉のオランダで，ストルイクと共に人口統計論の伝統を継承発展させたのがケルセボームであった。彼は，課題を終身年金現在価額及び地域・都市の人口の総数・構成に置き，自ら作成した生命表を提示しながらそれらの推計を行った。特に人口の総数・構成の推計では，ハレーの生命表と深く関わる静止人口モデルを利用している。これら静止人口モデルによる人口推計と生命表作成によってケルセボームは人口統計論史にその名を留めたが，後に示すように彼の名声はストルイクのそれを凌いでいる。

　本章では，オランダ統計史でこのような位置を占めるケルセボームを取り上げ，その生涯と業績を紹介し，人口推計及び終身年金現在価額評価の方法と成果を検討する。さらにそのストルイク批判を見る事により，18世紀半ばのオラ

ンタで政治算術が如何に継承発展されていたかを，その特徴と共に明らかにしたい。

II ケルセボームの生涯と業績

　ケルセボームは1690年（もしくは1691年）にOudewater（現ユトレヒト州）で生まれ，1771年にハーグで死去した。その生涯はストルイクのそれとほぼ重なる。しかしアムステルダムで算術や天文学を教える「教師」としての一生を終えたストルイクとは対照的に，若くして連邦政府の重要な財務官僚に就いた後，生涯，連邦政府や州政府の要職を務めた。具体的には，1726年に連邦政府の富くじ発売委員会の責任者になったが，彼の案に従い国による富くじ発売が初めて行われたという。1729年から49年迄はホラント州政府の財務省に勤め，1749年には連邦政府財政に関する特別官に任命され，1751年にはホラント州で国有化された郵便事業の長官になっている。[2]このように彼は国や州政府の重要な歳入源であった終身年金や富くじの発売に関わったが，その発売条件への批判に対応する中で終身年金現在価額の評価とその基盤である人口統計に関心を持つようになり，職務上容易に利用し得た終身年金記録をもとにその研究を進めたのであった。

　彼の研究成果の基本は，参考文献に示すKersseboom (1738), Kersseboom (1742a), Kersseboom (1742b) の3論文としてそれぞれ小冊子の形で刊行された。1748年には，この3論文をまとめた論文集がKersseboom (1748) として刊行されている。[3]それぞれのタイトルを邦訳すると次のようになる。

○第1論文 (1738)『ホラント・西フリースラント州の人口総数を推計する試論としての，そしてハーレム，アムステルダム，ゴーダ及びハーグの諸都市でのさらなる研究を促進するための第1論文』
○第2論文 (1742a)『ホラント・西フリースラント州の人口総数を推計する試論を確認するための第2論文』
○第3論文 (1742b)『人口総数と年間出生数との比率に関する一つの論証をまず含むところの，ホラント・西フリースラント州の人口総数推計に関する第

第6章 18世紀オランダの人口統計

3論文』

○論文集（1748）『ホラント・西フリースラント州の人口総数推計に関する3論文を含む政治算術試論』

　最後の論文集が彼の主著であるが，それは1970年に次のタイトルで仏訳されフランスの国立人口研究所から刊行されている[4]。

○仏訳論文集（1970）『ホラント・西フリースラント州の人口に関する3論文を含む政治算術試論』

　このようなケルセボームの業績に対する評価は，西欧の統計学史家の間で非常に高い。例えばヨーンは『統計学史』で，ケルセボームの仕事はその豊富さと独創性においてこの時期では最も重要なものであり，ストルイクの仕事などはそれに遠く及ばない，としている[5]。この評価は，実は19世紀ドイツの形式人口論者クナップに依拠したものである。クナップはその著作の人口統計論史を扱う章で，取り上げた人物の中では最大級の10ページをケルセボームに割いて業績を紹介している。そして静止人口モデルは従来ハレーによるとされてきたが実はケルセボームが考え出したものだとした上，「彼を成果が最も豊かな人口論の研究者とする事に少しもためらわない」と称えた[6]。またウェスターゴードも『統計学史』で，その業績に幾つかの問題を指摘しつつも，「如何なる反対あるにもせよ，ケルスボームは18世紀に於ける最も優れた統計学者の一人たる名声に充分値ひする」と述べている[7]。ケルセボームを評価するのはこれら後世の統計学史家だけではない。彼と同世代のド・モァヴールはその主著 *The Doctrine of Chance* の第3版に「A Treatise of Annuities on Lives」という付録を付け，その末尾に代表的なものとして4枚の生命表を示したが，それはハレー，ケルセボーム，ドゥパルシュー，スマート＆シンプソンのものであって，ストルイクのそれは入っていない[8]。筆者は，これらの評価，特にストルイクとの比較に関してはそのまま受け入れる事にためらいを感じるが，18世紀半ばのオランダでの人口統計論において両者が双璧であった事は確かであろう。

III　ケルセボームの人口推計

1　ケルセボームの人口推計の方法

　デュパキュエ等の人口統計史家が述べるように，人口統計におけるケルセボームの代表的な業績は，第1論文冒頭のホラント・西フリースラント州の年齢階層別人口表であり，そこで彼の方法の特質をよく見る事ができる（表6-1）。[9]

　この表は「過去100年間に販売された終身年金の記録から作られた年齢別生存率」と「信頼すべき根拠による年間出生数28000人」とから作成された，とケルセボームは言う。[10]そして人口総数（980000人）と年間出生数（28000人）の間の「人口総数＝年間出生数×35」という関係式は一般的に見られるものである事を強調するが，この関係式こそ彼の人口統計論の基礎にある静止人口モデルの核心をなすものである。しかし，この表6-1が終身年金記録からどう作られたかについての説明はない。またこの年齢階層別人口表と同時出生者の年齢別生存者数である生命表との関連も述べられていない。但し年間出生数28000人の方は，次のように推計されている。

　まずG.キングが英国で行ったという人口構成が示され，その構成比はホラント・西フリースラント州でも同一と見なせるとして，そこでの既婚男女数が求められる。それは，表6-2に示すように338000人，即ち169000組の既存結婚組数となる。ここでケルセボームは，「各種の観察からこの国では13組の既

表6-1　ホラント・西フリースラント州の年齢階層別人口表

91歳以上	500人	41－45歳	57800人
86－90歳	2500	36－40歳	62500
81－85歳	6500	31－35歳	67600
76－80歳	13000	27－30歳	58400
71－75歳	20300	21－26歳	94300
66－70歳	27300	16－20歳	83400
61－65歳	34300	11－20歳	87200
56－60歳	40800	6－10歳	91800
51－55歳	47000	0－ 5歳	131800
46－50歳	53000	合　計	980000

出所：Kersseboom (1738) p.5.

表6-2　ホラント・西フリースラント州の人口構成

人口構成	キングによる英国の人口構成比	ホラント・西フリースラント州の人口構成比
既婚男女	34500	338000
やもお	1500	14700
やもめ	4500	44100
独身者・子供	45000	441000
下女	10500	102900
外国人・旅行者	4000	39300
合計	100000	980000

出所：Kersseboom (1738) pp.11-12.

存結婚組数から毎年2人が出生する」として結婚出生数を26000人（＝169000×(2/13)）とする。また80の出生に1組の双子が，結婚出生数1000に65の結婚外出生数が見られるとして，それらを加えて28000人という年間出生数を出すのである（双子出生数325＝26000÷80，結婚外出生数1690＝26×65，26000＋325＋1690＝28015≒28000）。

2　ケルセボームの方法と静止人口モデル

　ケルセボームの考え方は，人口の総数・構成とその変動が年々変動的な出生数・死亡数をもたらすというものではなく，安定的な年間出生数・死亡数が安定的な人口の総数・構成をもたらす，というものであった。これを抽象化すると静止人口モデルになる[11]。

　社会的移動による増減のない封鎖人口において，一定の同時出生数が一定の年齢別死亡率で減少していくとする。この一定の同時出生数と年齢別生存者（または年齢別死亡率）を表示したものが生命表である。ある同時出生集団で，満x歳の生存者数をl_x（l_0は出生数），x歳から$x+1$歳の間の死亡率をq_x，満x歳の生存者l_x人が$x+1$歳のl_{x+1}人になる迄の1年間に生存した延べ年数をL_xとする。ここで，$l_x(1-q_x)=l_{x+1}$，この1年間に1人も死ななかった時は$L_x=l_x$，もし死亡数が期間中均等だとすると$L_x=(1/2)(l_x+l_{x+1})$である。この時，$L_x(x=0, 1, 2, \cdots)$のそれぞれは所与の生命表に従って常に一定であり，その和$L_0+L_1+L_2+\cdots=T_0$も一定となる。このT_0はl_0人の同時出生者が死に絶える迄の延べ生存年数であるから，平均寿命を$\mathring{e}_0$とすると$\mathring{e}_0=T_0/l_0$となる。

ここで一定の同時出生数 l_0 と年齢別死亡率 $q_x(x=0, 1, 2, \cdots)$ で出生死亡が年々繰り返されるとしよう（これが静止人口モデルの仮定である）。この時，各同時出生時の横断面に，生命表に規定された一定の年齢構成と人口総数を持つ人口が静態的に現れる。この静態的な人口においては，先の $L_x(x=0, 1, 2, \cdots)$ は x 歳以上 $x+1$ 歳未満の人口数を示している。この静止人口モデルが生み出す静態的な人口の総数を N とすると，$N=L_0+L_1+L_2+\cdots=T_0$ であり，かつ $N=l_0 \times \overset{\circ}{e}_0$ という関係式が得られるのである。

こうして，ケルセボームがホラント・西フリースラント州の人口推計から導出し一般化した人口総数＝年間出生数×35という関係式は，もし静止人口モデルを前提にすれば，そこでの平均寿命が35歳である事を示すものであった。但しそこでは，封鎖人口の前提が厳密には設定されていなかった。

3 ケルセボームの人口推計の問題点

この人口推計の方法に対してはいろいろな問題点を指摘できる。まず，表6-1の年齢階層別人口がどう作成されたかの説明が一切ない点である。ただ，この時代に作られた生命表の殆どが，その作成方法の説明を欠いているのも事実である。例えばハレーの生命表でも後に見るようにその作成方法の記述が乏しいため，今なお多くの疑問が残されている。次に，不完全な記録資料や小数事例観察等から重要な係数を導出している点である。既存結婚組数と年間結婚出生数の比率，年間結婚出生数と双子出生数や結婚外出生数との比率等がそれである。また，既婚男女や独身者・子供等の人口構成比が英国とオランダのホラント・西フリースラント州で同一であるとしているのも同様の問題点であろう。しかし，この政治算術によく見られる方法も統計資料皆無のこの時代を考えると止むを得ない事かもしれない。

最大の問題点は，年間出生数28000人を求めた方法の枠組みであろう。それは，年間出生数28000人を前提にして求められた総人口数980000人が，逆に年間出生数28000人を求める時，キングの人口構成比に掛ける数字として用いられている，即ち一種の循環論証になっている点である。但し，既存結婚組数と年間結婚出生数の比率等が確固たる根拠を持つものであれば，総人口数980000人に対し年間出生数を28000人とする事に矛盾はないという傍証になるであろ

うが，それらの比率が不十分な資料から想定されたものである場合，全体の枠組みは単なる数字合わせになってしまう。

　ただケルセボームは，ホラント・西フリースラント州の場合に続けてロンドンを例に，年間出生数が別の資料から把握できる場合の総人口推計を示している。それは次のようなものである。(12)①1674－83年，1685－94年の20年間の出生記録から13792人という平均年間出生数を求める。②双子・結婚外出生の発生率を全出生数の10％と推定して差し引き，年間結婚出生数を12413人とする。③既存結婚組数と年間結婚出生数の比率は7対1であると推定して，既存結婚組数86891組，既婚男女数173782人とする。④キングのロンドン人口構成における既婚男女数構成比0.37を用いて，ロンドンの総人口を469674人，丸めて469700人とする。ここでケルセボームは，ホラント・西フリースラント州の人口推計に用いた既婚男女数構成比（0.345）と異なる構成比を，同じくキングによるとしながら利用している。また，既存結婚組数に対する年間出生数の比率や双子・結婚外出生の発生率も前者の場合と異なっている。しかしその説明はない。

　このロンドンの場合には人口と年間出生数の比は34.1である。これは，彼が35という数字は恒常的な係数であり年間出生数を35倍すれば人口総数が得られるとしてきた事と矛盾するが，ケルセボームは，「この比率はハレーの場合とほぼ一致する」と述べるだけである。(13)後に見るように，ブレスラウの住民総数34000人をハレー生命表の冒頭の1歳生存者数1000人で割ると34が得られるが（表6-4，表6-5参照），果たしてそう見てよいか。ここでケルセボームとの関連で，ハレーの生命表を検討したい。

Ⅳ　ハレーの生命表とケルセボーム

　ハレーの論文の冒頭には3つの表が出てくる。第1は「ブレスラウでは5年平均で年に1238人が生まれ1174人が死ぬ。また出生者のうち348人が1年以内に死んで890人が満1歳に達し，さらに続く5年間に198人が死んで692人が満6歳に達する。」という叙述の後に示される年齢別年間死亡数である（表6-3）。

表6-3 ブレスラウでの年齢別年間死亡数

7歳	8	9	・	14	・	18	・	21	・	27	28	・	35	36	・	42	・	45	・	49
11人	11	6	5.5	2	3.5	5	6	4.5	6.5	9	8	7	8	9.5	8	9	7	7		10
54歳	55	56	・	63	・	70	71	72	・	77	・	81	・	84		90	91	98	99	100
11人	9	9	10	12	9.5	14	9	11	9.5	6	7	3	4	2	1	1	1	0	0.2	0.6

注：満7, 8, 9歳の年間死者数はそれぞれ11, 11, 6人, 10歳から13歳迄の年間死者数は5.5人と読む。なお, 50～53歳, 92～97歳は死者数が与えられず空欄になっている。
出所：Halley (1942) p.5.

表6-4 ハレーの生命表

年齢	生存者数	年齢	生存者数	年齢	生存者数	年齢	生存者数	年齢	生存者数	年齢	生存者数
1	1000	15	628	29	539	43	417	57	272	71	131
2	855	16	622	30	531	44	407	58	262	72	120
3	798	17	616	31	523	45	397	59	252	73	109
4	760	18	610	32	515	46	387	60	242	74	98
5	732	19	604	33	507	47	377	61	232	75	88
6	710	20	598	34	499	48	367	62	222	76	78
7	692	21	592	35	490	49	357	63	212	77	68
8	680	22	586	36	481	50	346	64	202	78	58
9	670	23	579	37	472	51	335	65	192	79	49
10	661	24	573	38	463	52	324	66	182	80	41
11	653	25	567	39	454	53	313	67	172	81	34
12	646	26	560	40	445	54	302	68	162	82	28
13	640	27	553	41	436	55	292	69	152	83	23
14	634	28	546	42	427	56	282	70	142	84	20

出所：Halley (1942) p.6.

表6-5 ブレスラウの「住民総数」

年齢	1-7	-14	-21	-28	-35	-42	-49	-56	-63	-70	-77	-84	-100	合計
人数	5547	4584	4270	3964	3604	3178	2709	2194	1694	1204	692	253	107	34000

出所：Halley (1942) p.6.

これに続くのが有名な生命表であるが（表6-4），その横には同表の生存者数を7歳間隔で集計した表が並べられている（表6-5）。この表では，表6-4の生命表に85～100歳の107人を追加して得られた合計34000人がブレスラウの「住民総数になる」とされている。

ハレーはこれらの表の作成方法と相互関連をほとんど説明していないため，古くから幾つもの疑問が出されてきた。その中でも重要な問題は，イ）ハレーが示す出生後1年間と2～6年間の死者数及び表6-3の死者数から，どのように表6-4の生命表が作成されたのか，ロ）この生命表のx歳生存者数は満x

歳の生存者数かそれとも満 $x-1$ 歳以上 x 歳未満の生存者数か，そしてその合計がどうして住民総数になるのか，であろう。まずイ）の問題であるが，「年に1238人が生まれ，その内の348人が1年以内に死んで890人が満1歳になる」事，及び「続く5年間に198人が死んで692人が満6歳になる」事と，生命表の1歳1000人，6歳710人という生存者数は食い違う。また，7歳以後の生存者数も表6-3の年齢別年間死亡数から算出される人数とは食い違う。奇妙な事に，ハレーが述べる満6歳の生存者数692人は生命表の満7歳のそれと一致する。もし前者が正しいとすると，生命表の生存者数の年齢を1歳ずつ繰り下げ満1歳1000人ではなく出生数1000人とせねばならない。しかしそれでは，満1歳になる迄に1238人中の348人が死ぬという前提と矛盾する。

　ケルセボームは，既述したロンドンの人口推計において，ハレー生命表の冒頭の生存者数を満1歳未満生存者数とみなしてその合計を住民総数とする一方，それを出生数とみなして人口総数／出生数＝34としている。しかし第3論文で，彼はハレー生命表を改めて取り上げた。それは，ハレーに依拠しながらホラント・西フリースラント州での人口総数と年間出生数の比は29であると彼を批判したメイトラントへの反論においてである。ケルセボームはメイトラントがハレーを正しく理解していないとして，次のようなハレー生命表の理解を示す。

　ハレー生命表の第1項「1歳1000人」は満1歳生存者数と満1歳未満生存者数との2通りの理解が可能であるが，もし前者だとすると出生数が欠ける事になる。ハレーが述べる出生数：満1歳生存者数＝1238人：890人の比から満1歳生存者数が1000人になる出生数を求めると1391人になる。そこでは人口総数が住民総数34000人に出生数1391人を加えた35391人になるから，その出生数に対する比率は25.4となる。しかしケルセボームはこのような低い比率はあり得ないとして満1歳生存者数説を斥けるのである。そして，強固な証拠に基づき出生数は1076人と推定できるから，(34000＋1076)／(1076)＝32.6という35に近い人口総数と出生数の比率が得られる，とする。しかし，人口総数と出生数の比率が25.4と低くなるから満1歳生存者説はあり得ないとする，あるいは「強固な証拠」と言いながらそれを何ら示さずに出生数を1076人とするケルセボームの推論は乱暴であり，そして満 x 歳生存者数と満 $x-1$ 歳以上 x 歳未満生存者数との混乱は未だ残されている。

しかしこのケルセボームのハレー生命表理解を高く評価したのはクナップであった。[16]彼はまず，表6-3の年齢別年間死亡数における2カ所の欠落部分を推計で補った後，これからどのように表6-4の生命表が作られたかの解明にとりかかる。そこでケルセボームの上記論文にふれながら，ハレー生命表でのx歳の生存者数は満x歳生存者数てはなく満$x-1$歳以上x歳未満生存者数でなければならないとする。さらにブレスラウの原資料での年間出生数，死亡数の5年平均は1238人，1174人であったが，静止人口では年間の出生数＝死亡数であるから出生数を1174人とみなし得るとし，それからハレーの示す生後1年間の死亡数348人を引いた826人が満1歳生存者数になる，とする。そうすると0歳以上1歳未満生存者数は（1/2）(1174＋826)＝1000となり，ハレー生命表の「1歳1000人」を満1歳未満生存者数として説明できるようになる。

このクナップの説はどう見ても苦肉の策であり，説得力はほとんどない。加えて，この方法で「1歳1000人」に続く各項をL_xに変換する事は不可能であった。ケルセボームの論文からヒントを得たクナップであったが，遂にハレーの3枚の表を統一的に把握する事を断念せざるを得なくなる。「私は，年齢別年間死亡数（表6-3）から生命表（表6-4）を一貫して導く一般的な方法を見出す事は遂にできなかった。」[17]

V　ケルセボームの生命表

ケルセボームを人口統計論史で有名にした要因としては，人口推計だけでなく生命表の作成があった。彼の生命表は，その主著を見る限り第2論文，第3論文，及び第3論文の付論の3カ所に3種類のものが現れる。それぞれを生命表A，生命表B，生命表Cとする。生命表Aでは1〜100歳の生存者数が，同Cでは0〜95歳の生存者数が示されており別々のように見えるが，Aでは出生数を欠く代わり96〜100歳の生存者数が1.0未満で示されている点を除き，両者は全く同一である。生命表Bは第3論文末尾に若干唐突に示されるが，その読み方を少し説明するだけて終ってしまう。この生命表Bは，20世紀に入ってケルセボームの生命表を慎重に検討したハーフテンから「極めて非現実的だ」と

いう評価を受けている。(18)しかし後述するように，ケルセボームがストルイクに剽窃されたと非難したのはこの生命表Bに関してであった。

　生命表Cは，第3論文の付論「償還年金との対比における終身年金の価額」で，終身年金の現在価額推計に利用されているが，生命表Aは，第2論文で終身年金の現在価額とは全く別の問題に関して利用されている。ここではこの生命表Aの利用を見る事にする。

　ケルセボームは第2論文で，ホラント・西フリースラント州を大きく3つに，更に細かく14に分け，それぞれの地域での年間出生数・埋葬数を教会記録等から求めている。そしてその年間出生数の合計が28000人になる事を示す。ところが，この叙述で第2論文の約8割を費やした後，急に結婚の継続期間の問題に入るのである。(19)まずある地域で牧師432人の協力を得ながら，夫の死亡によって結婚生活が断たれた222人の牧師未亡人における平均結婚継続期間が14

表6-6　ケルセボームの生命表A

年齢	生存者数	年齢	生存者数	年齢	生存者数	年齢	生存者数	年齢	生存者数
1歳	1125人	21歳	808人	41歳	596人	61歳	369人	81歳	87人
2	1076	22	800	42	587	62	356	82	75
3	1030	23	792	43	578	63	343	83	64
4	993	24	783	44	569	64	329	84	55
5	964	25	772	45	560	65	315	85	45
6	947	26	760	46	550	66	301	86	36
7	930	27	747	47	540	67	287	87	28
8	913	28	735	48	530	68	273	88	21
9	904	29	723	49	518	69	259	89	15
10	895	30	711	50	507	70	245	90	10
11	886	31	699	51	495	71	231	91	7
12	878	32	687	52	482	72	217	92	5
13	870	33	675	53	470	73	203	93	3
14	863	34	665	54	458	74	189	94	2
15	856	35	655	55	446	75	175	95	1
16	849	36	645	56	434	76	160	96	0.6
17	842	37	635	57	421	77	145	97	0.5
18	835	38	625	58	408	78	130	98	0.4
19	826	39	615	59	395	79	115	99	0.2
20	817	40	605	60	382	80	100	100	0.0

注：ここで0歳の1185人を加え，96-100歳を省くと生命表Cになる。なお，彼は生命表を生命力表（Tafel van Leevenskracht）と呼んでいる。
出所：Kersseboom（1942a）p.56.

年であった事を示す。そしてここでその作成法の説明抜きで生命表Aが示される（表6-6）。それは，結婚生活が夫婦どちらかの死亡によってのみ継続を絶たれる場合を取り上げ，そこでの継続期間を一般的に求めようとするためである。

彼は，夫婦それぞれの死亡を相手の生死から影響を受けない独立事象とみなし，例えば25歳と20歳で結婚した夫婦が20年間結婚を継続できる確率は，25歳の人が45歳まで生きる生存率（同表によると560/772＝0.725）と20歳の人が40歳まで生きる生存率（605/817＝0.741）の積（0.725×0.741＝0.537）として求められる，とした。従ってこの年齢の100組が同時に結婚した時，20年間結婚を継続できるのはそのうちの約54組という事になる。この方式で，同時に結婚した100組の中の何組がまだ結婚生活を継続しているかを，総ての組が結婚生活を終える迄の各年について求める。そしてその組数の総てを加えると，100組の延べ結婚継続年数になり，またその和を100で割ると平均結婚継続年数になる。この100組の延べ結婚継続年数は，毎年100組が結婚していく場合に，ある時点で存在する結婚組数を数え上げたものと同一となり，かつその数は常に一定である。これは静止人口モデルの考え方と全く同じであり，静止結婚組数モデルと呼ぶ事ができるであろう。[20]

ケルセボームは，この静止結婚組数モデルを次のように人口推計に利用する。彼は第1論文の終わり近くで，アムステルダムの出生数からその人口を求めているが，その際，年間出生数対既存結婚組数の比率4対27と年間出生数6382人とから結婚組数を43078組とした。彼はその結婚組数の確認をこのモデルを使って試みるのである。即ち，アムステルダムでの年間結婚数2300のうち1600が夫婦共30歳，700組が45歳とし，先の生命表を用いてそれぞれの（静止）結婚組数を求めて加えると43689組になり，年間出生数と既存の結婚組数の比率を4対27と想定した事はほぼ正しかった，としたのである。このように，ケルセボームはその生命表Aを人口推計での副次的な論証において利用した。そこでは多くの仮定が前提にされており，彼の論証が十全だとは言い難いが，静止結婚組数モデルそれ自体は興味深いものである。

VI ケルセボームのストルイク批判

　以上の業績でケルセボームは人口統計論史上に名を残したが，同時に彼はストルイク批判でも名高い。ストルイクは，1740年に刊行した主著『一般地理学入門』で，宇宙と地球上の諸現象，文字通り森羅万象を取り上げて分析を加えたが，その第Ⅱ部（付論）の「7．人類の状態に関する諸仮説」，「8．終身年金の計算」，「9．補遺」で，各地域や都市の人口推計及び生命表に基づく終身年金の現在価額評価を行った。ケルセボームが激しく批判したのはこの部分に対してであった。彼の批判は大きく(イ)ストルイクの人口統計には誤りが多く，また彼の年間出生数×35＝人口総数の関係式を根拠なしに否定する，(ロ)ストルイクが1740年に発表した生命表は彼が作成した生命表の剽窃である，の2点であろう。

　まず年間出生数×35＝人口総数の関係式に関する批判である。ケルセボームは第2論文の始めの部分で，この関係式は新しさの故に批判されるのだから驚く必要は無いが，特にいい加減な仮説をふりまわす"Gissingenの著者"は反論に値せず無視したい，と乱暴な言葉でストルイクを批判した。また第2論文末尾では，Vossius, Auzout, Petti及び他1名が家屋数と平均居住者数から人口を求めようとしているが家屋数や平均居住者数を正確に捉える事は困難で誤差が生じやすい，とその方法を批判した上，更にその「他1名」の所に注を付け，その注で，この「他1名」は"Gissingenの著者"であるとしてストルイクを重ねて批判する。それは，ストルイクが都市部，農村と分けて示す人口総数と年間出生数に対し，その推計がいい加減だという批判であった。

　これらの批判に対し，ストルイクは反論していない。確かに彼はケルセボームの関係式とそこでの係数35を知っていた。その主著において，彼はケルセボームを名指しせずに「ある人がホラント州の各都市で見出した総人口の対年間出生数比35はこの場合適切ではなく，20か24が妥当だ」と述べているからである。しかしストルイクの基本的な考え方は，そもそも「年間の出生数・死亡数は人口総数とおおよそ比例するが，地域や時代によって変動するから，それ

を1個の比率で捉える事は困難だ」というものであった。[24]

次にストルイクによる生命表の剽窃問題である。1740年にストルイクの『一般地理学入門』が刊行されるとケルセボームは直ちに『ストルイク「一般地理学入門」における"人類の状態に関する諸仮説","終身年金の計算",その"補遺"に対する2,3のコメント』を出版して,ストルイクに批判というよりも非難を加えた。[25]彼はまず,ストルイクはその主著刊行前に彼の第1論文等を読んでいたはずだとする論証を進める。その上で彼は,ストルイクが「終身年金の計算」の章で示した生命表を取り上げ,これは彼が1725年の一年間を費やして作成し1726年早々に周囲に見せたものと同一だ,と非難した。確かにケルセボームの生命表B(表6-7,但し一部分)とストルイクが示した生命表(表6-8)とは,前者が出生者10000人に始まり生存者数が1歳から100歳まで年齢ごとに表示しているのに対し,後者は出生数を欠き生存者数を5歳間隔で表示している点(及び死者数を付加している点)を除き同一である。ストルイクの剽窃は明らかなように見えるが,問題は残されている。

それは,ケルセボームが1725年中にこの生命表を作成したという確たる証拠を出さなかった事,かつ1740年刊のストルイク批判書で強い非難を加えながらそこでは問題の生命表Bを示さず,1742年刊の第3論文であまり前後の脈絡がないままそれを提示している事である。また,ケルセボームが「1726年に発表した生命表Bを剽窃された」と非難しながら,第3論文付論「償還年金との対比における終身年金の価額」で生命表Cに基づき計算した終身年金現在価額を「私はこの計算を1726年に行った」と述べている事がある。[26]もしそうだとすると,ケルセボームは1725年にBとCの2種類の生命表を作成した事になる。

この問題を考証したハーフテンは,「1726年までに作成していた証拠はどうしても見出せない。逆に1740年までそれは存在せず,ストルイクの生命表を見た後に作成された可能性すらある。科学史の常道に従い発表日を以ってその完成日とすべきであろう。」と述べる。[27]しかし,ストルイクがケルセボームの生命表Bを見てから表6-8の生命表をその著作に載せた事は確かだと思われる。なぜなら,表6-8の30歳,35歳,40歳の各生存者数5890人,5160人,4440人は30〜35歳,35〜40歳の死者数724人,726人と食い違うが(730人,720人でなければならない),これが誤植である可能性は低く,ストルイクが生命表Bの35

第6章 18世紀オランダの人口統計　123

表6-7　ケルセボームの生命表B（一部分）

年齢	生存者数	年齢	生存者数	年齢	生存者数
出生数	10000	30歳	5890	80歳	127
1歳	9867	31	5746	81	106
2	9734	32	5601	82	85
3	9601	33	5456	83	65
4	9469	34	5311	84	45
5	9337	35	5166	85	25
6	9213	36	5021	86	12
7	9090	37	4876	87	6
8	8966	38	4731	88	3
9	8843	39	4586	89	1
10	8719	40	4440	90	0

注：年齢11〜29歳，41〜79歳を省略。
出所：Kersseboom (1742b) p.34.

表6-8　ストルイクが示した生命表

年齢	生存者数	死者数	年齢	生存者数	死者数	年齢	生存者数	死者数
5歳	9337	663	35	5160	724	65	1193	548
10	8719	618	40	4440	726	70	725	468
15	8060	659	45	3710	730	75	360	365
20	7352	708	50	3009	701	80	127	233
25	6618	734	55	2350	659	85	25	102
30	5890	728	60	1741	609	90	0	25

注：死者数の欄，例えば5歳の663人は，10000人の出生者のうち663人が5年間で死亡し，満5歳の生存者数は9337人になる，と見る。
出所：Struyck (1740) p.352.

歳生存者数5166人を5160人と「誤転記」した事によると考えられるからである。

だがこれをもってストルイクの剽窃と決め付ける事にも問題がある。何故なら「終身年金の計算」の章でのストルイクは，終身年金の現在価額評価の方法を検討する過程で「信頼できるこの生命表を用いて試算してみよう」として生命表Bを利用したのであった。[28]彼自らの終身年金現在価額の推計は，「終身年金の計算」に続く「補遺」の章で，終身年金記録を整理した原資料から作成された生命表をもとに男女別年齢別に行われ，表示されている。そしてその原資料も提示されているのである。[29]だから，「剽窃」というよりも「出所を示さずに行った引用」と呼ぶべきものであり，それによって彼が「補遺」の章で行った終身年金現在価額推計の価値が損なわれる事はない，と考えるべきであろう。

最後に，両者の推計による終身年金現在価額を対照的に表示する（表6-9，

表6-10)。表6-9の年齢階層と表6-10の年齢を合わせるために表6-10の隣接する数字の平均をとり,かつ年金受領額を合わせるために表6-10の価額を80倍する。その上で両者を比較すると,次のような特徴が見られる。ⅰ)両者に大きな差は見られないが,全体的にケルセボームの推計価額がストルイクのそれを上回る。それは,中年までストルイクの女性価額とほぼ等しいが,中年以後はそれをも上回る。ⅱ)ストルイクが男女別に推計しているのに対し,寿命の男女別格差を知っていたはずのケルセボームは何故かそれを推計に適用していない。ⅲ)ストルイクは,デ・ウィットと同じく,ホイヘンスの「チャンスの価格」の概念を意識的に適用して終身年金現在価額を求めているが,ケルセボームは,生命表からその年金を受領できる可能性を求め,それでそれぞれの(現在還元した)年金額を割り引いた上で加える事により,現在価額を求めている。両者は同じ結果をもたらすが,確率論の適用方法としてはストルイクの方法がより進んだ,かつより洗練されたものである。

表6-9 終身年金現在価額(ストルイク推計)

(単位:fl.)

年齢	5〜9	10〜14	15〜19	20〜24	25〜29	30〜34	35〜39	40〜44	45〜49	50〜54	55〜59	60〜64	65〜69	70〜75
男性	1823	1714	1608	1504	1401	1291	1184	1069	955	840	756	661	575	481
女性	1931	1840	1733	1630	1533	1438	1328	1203	1077	964	851	733	616	493

注:生存期間中,毎年末に100fl.(税引き手取り80fl.)を受領できる終身年金を年利子率2.5%で現在価還元し,かつ彼の作成した生命表から得た生存確率を用い,「チャンスの価格」として求めた終身年金現在価額。なお,5年間を均した推計であり,例えば5-9歳は7.5歳で代表される。

出所:Struyck (1740) p.366, 368.

表6-10 終身年金現在価額(ケルセボーム推計)

(単位:fl.)

年齢	1	5	10	15	20	25	30	35
価額	21.857	23.788	23.600	22.571	21.391	20.227	19.439	18.415
年齢	40	45	50	55	60	65	70	75
価額	17.127	15.509	13.951	12.402	10.768	9.051	7.324	5.503

注:生存期間中,毎年末に1fl.を受領できる終身年金を年利子率2.5%で現在価還元し,かつ生命表Cから求めた「その年金を受領できる可能性」でそれらを割り引いた金額の和として求めた終身年金現在価額。

出所:Kersseboom (1742b) p.43.

VII 結　び

　終身年金現在価額評価と地域・都市の人口推計で代表されるケルセボームの業績を改めて検討してみよう。彼は第3論文冒頭の献辞で，ここ20年来の研究目的は「終身年金の正確な価額を償還年金と比較しつつ確かな基盤の上で明らかにする事」であったが，その利用については「政府の財政を知悉した上で政治的に判断する権限を持つRegentenの人々に委ねたい」と書いている。[30] このRegentenとは，17～18世紀の共和国連邦時代，民衆と対立しながら州や都市の政府を特権的に支配した都市門閥層である。即ち彼の問題意識は，政治・行政に必要と思われる分析方法と量的資料を為政者に提供する事にあった。

　地域・都市の人口推計はグラント，ハレーの人口統計の継承発展であった。グラントは「死亡表」に分析を加えて人口現象に様々な量的規則性を発見したが，彼はその成果が政治家によるロンドンの社会問題への対応にとって有効であると主張する。一方で彼は，この分析の成果が「人民を平和と豊かさの中に保つ真の政治学」の建設に連なると述べており，それは，国の力と富の基盤たる領土・人口の「政治的解剖」を進めたペティの業績と相まって，古典派経済学の萌芽という理論的成果と結びついた。[31]

　一方のハレーの著作では，政策論的主張をより明瞭に見る事ができる。彼は先に示した3枚の表にすぐに続け，生命表の利用価値を7つ挙げている。その冒頭は「ある年齢層の軍役従事可能人数の推計可能性」であり，第2，第3では，ある年齢の人々がある年間生存し得る可能性の程度，ある年齢の人々の人数が半減する年数等の推計可能性が述べられるが，続く4つは終身年金や生命保険の現在価額の推計である。[32]

　ケルセボームの人口推計がこれらの流れを継承した政策論である事は確かである。加えて，この意味での政治算術の方法による人口推計が，18世紀のこの時代，改めて西欧各国に広まったという背景があった。阪上孝はフランスを例に，絶対主義のもとで統治対象としての人口という認識が生まれ，その弛緩と啓蒙の時代には政治批判の素材として人口への関心が高まり，さらに大革命の

中で「国民創出」の一環として全国規模の人口センサスが初めて行われた事を指摘する。その間，18世紀後半には戸口調査の必要性が唱えられる一方で「政治算術の方法による人口推計」が繰り返し行われた，という。[33] ケルセボームが18世紀前半に人口推計を政治算術の方法で試みた動機には，有用な資料・方法を為政者へ提供するという政治目的に加え，自らの高級財務官僚の立場に求められる行政目的もあった事は確かであるが，その背後には，スペインから独立をかちとったネーデルランド北部7州がそれぞれ主権と議会を持ちつつ共和国連邦を形成したというオランダの政治形態があり，その新しい国家形成の中での人口への関心増大があった。

ケルセボームの方法と成果の特質をこのように捉えた時，ストルイクのそれが対照的である事はすぐに読み取れるであろう。筆者はかつてストルイクの方法の特徴を「一般の市民・商人の利害打算に関わる場で（政治算術がマクロの場で問題をとらえていたのに対しミクロの場で）量的資料を整理分析しようとする方法である。……その意味で『商業算術』と呼びうる……。」と捉えた。[34] ここでの「商業算術」は，グラントの「商店算術」が17世紀の代数・解析や確率の理論を基に展開されたものであるが，その意義は，政治家への有用な資料・方法の提供という所からは離れていた。彼は，各種の条件の終身年金間の有利性比較，終身年金購入とその他利殖方法との有利性比較等の方法を多数取り上げた一種の「実用問題例題集」を著したが，それは一時払い終身年金の発売者たる国・地方政府にとってではなく，それを購買しようとする者にとってはるかに有用であったからである。[35] また，ホイヘンスのチャンスの価格の概念を意識的に適用しようとしたストルイクが政治算術と確率論を統合して利用する方法論の流れの中にあったのに対し，ケルセボームは政治算術の方法の枠から大きく抜け出る事はなかった，と言う事ができる。

注
(1) 本書第2～5章参照。
(2) Kersseboom (1970) の Introduction による。
(3) これらのケルセボームの著作は論文集 (1748) を除いてパンフレットと呼べるような小冊子である。本章では，参考文献④，⑥，⑦については神戸大学付属図書館の特別許可を受けて同図書館所蔵の参考文献⑧に合本されてい

(3) るものを，また参考文献⑤についてはライデン大学図書館所蔵のものを利用した。Kersseboom の著作目録は Kersseboom (1970) の ANNEXE I に示されている。
(4) Kersseboom (1970). この仏訳書では，第3論文の附論である "*Waardye van lyfrente in proportie van losrente*"（『償還年金との対比における終身年金の価額』）が省かれている。
(5) ヨーン，足利末男訳 (1956) 244頁。
(6) Knapp (1874) pp.59.ff.
(7) ウェスターゴード，森谷喜一郎訳 (1943) 79頁。
(8) Moivre, A. de (1756) pp.345-346. なおケルセボームは，ディドロ・ダランベールの『百科全書』の「Vie」（寿命）の項目を執筆しているという。Kersseboom (1970) p.9.
(9) Dupâquier (1996) p.87.
(10) ケルセボームによるホラント・西フリースラント州の人口構成の推計については Kersseboom (1738) pp.4-7を参照。
(11) 静止人口については，例えば岡崎陽一 (1999) IVを参照。
(12) ケルセボームによるロンドンの人口推計は Kersseboom (1738) pp.14-15を参照。
(13) Kersseboom (1738) p.15.
(14) Kersseboom (1742b) pp.7-8.
(15) 仏訳書の編者はケルセボームの出生数推計に対して，「1076人の出生者中1000人が満1歳に達する事など当時の事情からはありえない」という批判の注をつけている。Kersseboom (1970) p.107.
(16) Knapp (1874) pp.122-134.
(17) *ibid.* p.129.
(18) Haaften (1925) p.149.
(19) Kersseboom (1742a) pp.48-61.
(20) 実はストルイクもこれと同じ問題を取り上げてそれを解いている。即ち，死亡によってのみ結婚生活が断たれるとした場合，20～24歳で結婚した男女100組のうち何組が銀婚式を迎えられるか，という問題を出し，ケルセボームと同じ方法で（但し彼が作成した男女別の生命表を用い）40組が銀婚式を迎え得るという解を与えた。Struyck (1740) p.376.
(21) *ibid.* pp.321-392.
(22) Kersseboom (1742a) p.12. なお "Gissingen の著者" は "「人類の状態に関する諸仮説 (Gissingen)」の著者" の意味である。
(23) *ibid.* p.64.
(24) Struyck (1740) p.335, pp.333-334.
(25) Kersseboom (1740). 生命表の剽窃に関しては pp.7-10 参照。

⑶ Kersseboom (1742b) p.43.
⑵ Haaften (1925) pp.153-156. なおハーフテンは，もしケルセボームの剽窃批判が，終身年金購入者の死亡記録を整理し同時出生者10000人が一定の死亡率により年々減少する状態を示す生命表を作成した事に対するものだとすると，その優先権はケルセボームではなくハレーに帰せられるべきだ，としている。*ibid.* p.150.
⑵ Struyck (1740) p.352.
⑵ この終身年金記録の整理から得た原資料については，Struyck (1740) pp.361-365, 及び本書第5章参照。
⑶ Kersseboom (1742b), 冒頭の Opdracht（献辞）参照。なお Regenten については Koopmans & Huussen (2007) pp.189-190 による。
⑶ 「死亡表」分析結果の政治的行政的な有用性は冒頭の2本の「献辞」及び最後の「結論」に，また「真の政治学」の提案は「結論」に見られる。グラント，久留間鮫造訳 (1968) 参照。なお，グラントは自らの方法を「商店算術の数学」(mathematics of shop-arithmetick) と呼んでいる。
⑶ Halley (1942) pp.6-18.
⑶ 阪上　孝 (1999) 第1章参照。
⑶ 本書，第5章，105頁。
⑶ Struyck (1716) 参照。

参考文献

① Dupâquier (1996) *L'invention de la table de mortalité*, Paris.
② Haaften (1925) Kersseboom et son Oeuvre, in Kersseboom (1970).
③ Halley (1942) *Two Papers on the Degrees of Mortality of Mankind*. reprint ed., Baltimore.
④ Kersseboom (1738) *Eerste verhandeling tot een proeve om te weeten de probable menigte des volks in de provintie van Hollandt en Westvrieslandt,, en, specialyk tot aanleidinge van verder onderzoek, in de steden Haalem, Amsterdam en Gouda, als mede in 's-Gravenhage*, 's-Gravenhage.
⑤ Kersseboom (1740) *Eenige aanmerkingen op de Gissingen over den staat van het menschelyk geslagt, Uitreekening van de lyfrenten en 't Aanhangsel op beide, begreepen in het boek, genaamt Inleiding tot de algemeene Geographie, door Nicolaas Struyck*, 's-Gravenhage.
⑥ Kersseboom (1742a) *Tweede verhandeling, bevestigende de proeve om te weeten de probable meenigt des volks in de provintie van Hollandt en Westvrieslandt*, 's-Gravenhage.
⑦ Kersseboom (1742b) *Derde verhandeling over de probable meenigte des*

volks in de provintie van Hollandt en Westvrieslandt, bevatten, eerstelyk een vertoog over de proportie der meenigte des volks tegens het getal der geboorene, 's-Gravenhage.

⑧ Kersseboom (1748) *Proeven van politike rekenkunde, vervat in drie verhandeling over de meenigte des volks in de provintie van Hollandt en Westvrieslandt*, 's-Gravenhage.

⑨ Kersseboom (1970) *Essais d'arithmétique politique contenant trois traités sur la population de la province de Hollande et Frise occidentale*, Paris.

⑩ Klep & Stamhuis (2002) *The Statistical Mind in a Pre-Statistical Era: The Netherlands 1750-1850*, Amsterdam.

⑪ Knapp (1874) *Theorie des Bevölkerungs-wechsels*, Braunschweig.

⑫ Koopmans & Huussen (2007) *Historical Dictionary of the Netherlands*, 2nd. ed., Lanham.

⑬ Moivre, A. de (1756) *The Doctrine of Chance*, 3rd, ed., London.

⑭ Struyck (1716) *Uytreekening der Kansen in het Speelen, door de Arithmetica en Algebra, beneevens eene Verhandeling van Looterijen en Interest*, Amsterdam.

⑮ Struyck (1740) *Inleiding tot de algemeene Geographie, beneevens eenige sterrekundinge en andere Verhandelingen*, Amsterdam.

⑯ 岡崎陽一（1999）『人口統計学（増補改訂版）』古今書院。

⑰ ウェスターゴード，森谷喜一郎訳（1943）『統計学史』栗田書店。

⑱ グラント，久留間鮫造訳（1968）『死亡表に関する自然的および政治的諸観察』栗田書店。

⑲ 阪上 孝（1999）『近代的統治の誕生―人口・世論・家族―』岩波書店。

⑳ ヨーン，足利末男訳（1956）『統計学史』有斐閣。

第7章
19世紀オランダにおける政治算術と確率論の統合
―― ロバトの年金現在価額評価論と偶然誤差理論 ――

I　問題の所在

　本章の課題を示すに当たり，統計学史でよく知られている一つの「仮説」の検討から始めたい。それは，17世紀半ば英・仏・独の三国で成立した政治算術，確率論，国状学がそれぞれ独自に発展した後，19世紀半ばにケトレーによって「統合」され，さらに19世紀後半，そこから分かれてドイツ社会統計学，イギリス生物統計学が成立展開した，という統計学史観である[1]。この「ケトレーにおける三川合流・二川分流説」には幾つもの疑問点がある。そのうち基本的な疑問は，20世紀の現代数理統計学の萌芽であるイギリス生物統計学はもちろんドイツ社会統計学も，ケトレーの「社会物理学」の内容や方法に影響を受けつつ乃至それを批判しつつ形成された部分を持つが，基本的には，それぞれ独自の発展過程を経て成立したものである，という点であろう。しかし，本章で取り上げようとするのはこの問題ではなく，政治算術，確率論，国状学が英・仏・独の三国で独自に成立し，相互の交流・融合なしに発展した後，ケトレーがそれらを「統合」したとされる点への疑問である。筆者はこれまでオランダ統計学史の検討を通して，この「三川合流説」への反証を幾つか指摘してきた。それらは次の通りである。

　確率論は仏のパスカル＝フェルマーの往復書簡でその基礎が築かれたとされるが，その3年後，西欧諸国でその後半世紀以上も広く読まれる体系的テキストを書いたのは，C.ホイヘンスであった[2]。またC.ホイヘンスは，ロンドンの王立協会から贈られたグラント『死亡表に関する自然的および政治的諸観察』での生命表について弟のL.ホイヘンスと論じ合っている（1669年）。L.ホイヘ

ンスがグラントの生命表の平均寿命が18.22歳である事を初めて算出したのに対し，C.ホイヘンスは平均寿命よりも生存数の中位数がより重要だと主張した。生命表に関して言えば，1671年にデ・ウィットが自ら想定した生命表を「死亡確率」とみなし，（一時払い）終身年金の現在価額の評価を行った。これに対し同年，アムステルダム市長フッデが同市での終身年金加入者1495人の死亡記録から作成した生命表をデ・ウィットに示している。なおここでのデ・ウィットの終身年金現在価額評価は，C.ホイヘンスの「チャンスの価格」に依拠したものであった。

このように，オランダでも政治算術が英国とほぼ同時に成立していたのである。確かにそこでの英国の影響を見落とせないが，ハレーが生命表を作成した1693年より22年も早く多数の死亡記録に基づく生命表が作成されていた事，そして確率論に基づく生命表の利用という意味で政治算術と確率論の融合が見られた事は，オランダでの政治算術論の成立は独自の性格を持つものであった事を示している。また確率論も仏でのパスカルとフェルマーの往復書簡に遅れる事3年にして体系化された事，そしてそこでは社会現象への適用が容易である「チャンスの価格」が中心概念になっていた事は，確率論に関しても同様の特徴を見る事ができよう。

この確率論と政治算術の融合というオランダ統計学の特質は，18世紀に入ると，西欧諸国で広く知られた統計学者のストルイクとケルセボームによって継承され発展した。ストルイクは，都市や地方の人口推計，生命表の作成と終身年金現在価額評価で成果をあげたが，その他にC.ホイヘンスがその確率論テキスト末尾に付した5つの問題——17世紀後半から18世紀にかけて，多くの数学者がこの問題のより良い解を求めて競った——に対して巧みな解を与えている。ケルセボームは，人口と年間出生数の安定的比率の推計とそれを利用した人口推計，生命表の作成と終身年金現在価額評価等を研究したが，その成果を載せた主著のタイトルを『政治算術』とした。

即ちこの頃オランダでは，人口統計資料の作成と加工，各種人口指標間の安定的な比率・係数の探求，その比率・指標を「確率」として利用した問題解決策の提示等が，「政治算術」とされていた，とみなし得る。こう見てくると，別々に独自なコースを歩んで発展してきた政治算術と確率論（及び国状学）が

ケトレーによって統合された，とする統計学史観は，オランダの統計学史を見る限り否定されざるを得ない。

ところが19世紀前半，このケトレーと深い交流を持つ事になる数学者・統計学者がオランダに現れた。それはロバトであるが，彼は1820年頃，未だオランダ王国国民であったケトレーと知己になり，彼の学識に傾倒し交流を深めた。ベルギーがオランダから分離独立した後も，ケトレーを深く尊敬して終生文通を続けている。しかし，統計学に関しては，彼はケトレーの「社会物理学」に同じる事なく，政治算術と確率論の統合を目指したオランダの統計学の一層の発展に努めようとした。そして，18世紀の終り頃からフランスで急速に発展した確率論を導入して，それをさらに精緻化し発展させたのである。本章の目的は，このロバトの業績を見る事により，オランダ統計学史の特質をさらに解明するとともに，統計資料への確率論適用の問題を改めて検討する所にある。

II　ロバトの生涯と業績

1　ロバトの生涯

1797年，ポルトガル系ユダヤ人の商人の子としてアムステルダムに生まれたロバトは，少年の頃から数学の才能で注目されていた，という。[7] 1811～12年にかけて，Amsterdam Athenaeum でスウィンデンの講義を聴講したが，卒業資格は取っていない。[8] スウィンデンは彼の数学才能を絶賛したと伝えられており，ロバトはその推薦で王国内務省職員に採用された（1816年）。だがそれは数学教師を希望していたロバトには不満な下級官吏であった。

しかし，職務上たびたび出張したブリュッセルでケトレーと知り合い生涯の友人を得る事になる。これは彼にとって大きな幸運であった。彼は，ケトレーの研究生活の転機となったパリ出張の用件であるブリュッセル天文台建設計画について，政府情報をケトレーに知らせたりしている。また，ケトレーの『天文学入門』を蘭訳して刊行した。代りにケトレーは，Brussels Athenaeum での講義のテキストにロバトが著した『代数学問題集』を使用したり，ロバトの数学教師の求職活動をサポートしたりしている。この頃両者は確率論の研究に

接近するが，ロバトが当時のフランス最新の確率論を学ぶのはケトレーのフランス留学が契機であった，と考えられる。

　一方，ロバトは内務省勤務のまま，中高等教育機関での数学教師のポストに何回も応募したが，受け容れられる事はなかった。彼がケトレーに「これはユダヤ系に対する偏見のせいだ」と不満を訴えた手紙が残されている。教職には就けなかったが，ロバトは1826年，内務省の度量衡監督官に任ぜられ，ようやく下級官吏の身分から抜け出せた。この頃からロバトにも少しずつ運が向き始めたようである。1834年には，フローニンヘン大学がロバトに数学・自然科学の名誉博士の学位授与を決めた。こうして彼にも大学教授に任ぜられる資格ができたのである。そして1842年，その頃デルフトに創設された王立アカデミーの教授に任ぜられ，彼のかねての夢が実現する。彼は1866年の死に至るまでこの教授職にとどまり，確率論を講義した。

　ロバトの業績は，本章で取り上げる終身年金等の現在価額評価方法，統計資料の誤差に関する数学的な偶然誤差理論だけではない。代数・微積分から関数論にいたる数学の教科書・問題集を多数著しているが，その中の『高等代数学講義』(1845)は，1921年の第9版まで繰り返し再版された，という。

2 『ロバト年鑑』の刊行

　1826年，科学的知識や公的資料を掲載する「年鑑」を刊行するというロバトの提案が容れられ，国王の命令によって，ロバト編集による年鑑が政府機関から刊行される事になった。『王国年鑑』(*Jaarboekje op last van Z. M. den Koning*)であるが，これは一般に『ロバト年鑑』と呼ばれた。この年鑑の目的は，知識人を対象に一般的かつ有益な知識を提供する事，国が定期的に実施している種々の調査の結果を公表する事にあったが，後者の目的に沿って，人口動態資料を始めとする統計資料の定期刊行物となった。また年金現在価額評価や統計データの誤差に関するロバトの論文が載せられ，さらにマルサスの人口論やケトレーの「平均人」も紹介もされた。また1839〜1849年にかけてオランダでの犯罪統計も掲載された。まさに統計と統計学に関するオランダで最初の定期刊行物であった。

　しかし19世紀半ば近くなると，『年鑑』への批判が出始めた。それは，収録

される統計資料が人口関係に偏っており，農業，商工業，財政，植民地等の統計資料を欠く，といったものであった。この批判が官民間で広まってきた時，内務省は新たな「統計年報」刊行を計画し，その過程で『ロバト年鑑』での統計資料掲載の中止，さらにはロバトの年鑑編集からの解任が図られる。こうして1826年に刊行され始めた『ロバト年鑑』は遂に1849年で終刊に至った。

　『ロバト年鑑』終刊の背景には，「統計協会」(De Vereeniging voor de Statistiek) 成立（1857年）の前哨となった「統計運動」があった。これは，ライデン大学法学部の教授・卒業生等が中心になり，40年代終り頃から始まった官庁統計の改善・普及を目指す社会運動であるが，『ロバト年鑑』の人口統計偏重批判は主にこの運動のメンバーから挙げられていたからである。オランダの官庁統計改善普及運動は，1850年を境にリーダーがロバトからフィセリングに，その機関誌も『ロバト年鑑』から統計協会の「年報」に移った，と言われる所以である。その統計協会の「年報」のタイトルが『政治経済年鑑』であった事は，この転換の意義の一端を示している。

3　ケトレーとロバト——オランダ王国の中央集権化における——

　1648年，ネーデルランド北部7州はスペインからの独立を果たして分権的な共和国連邦を形成するが，1795年，フランス革命軍の侵入を機に，中央集権的なバタヴィア共和国となる。しかし間もなくナポレオンの帝国に併呑されるが（1810年），連合軍による解放後，オラニェ家のウイレムを国王に戴き，ネーデルランド南部（現ベルギー）を併合したオランダ王国が成立する（1814年）。そこでは中央集権化が進められるが，その過程で国王ウイレムが英仏及びスペインを国状学的に比較した一書を読み，これと比較できるようなオランダに関する著作を求めた。そして側近の推薦でケトレーにそれを命ずる事になった。しかし，ケトレーが書き上げたものは農工業，通商等を欠いているとして，国王の満足する所とはならず，結局，ケトレーは自らそれをブリュッセルで出版する事になる（1827年）。ケトレーの数少ない国状学的著作は中央集権化を目指す国王の期待には応え得なかったが，彼はこれを比較可能な統計資料の不足によるものだとしている。[9]

　一方，中央集権化が進行すると全国規模の統計資料に対する要望が各方面か

ら寄せられるようになった。その中で全国規模の人口センサス実施が企画され，1826年にはそのための統計委員会と統計局が設置された。そして1829年に第1回人口センサスを実施する事が決められた。この時，人口統計に対する政治算術的関心から人口センサス実施をかねてより願望していたロバトは，センサスの定期的実施を統計委員会に建議している。

第1回人口センサスは計画通り1829年に実施された。ところが翌年，ベルギーがフランス7月革命を一つの誘因にしてオランダ王国からの分離独立を宣言し，さらにドイツから貴族を招いてベルギー王国を建国する。そして，独立を認めないオランダとの間で9年に亘る紛争が続く事になった。第1回人口センサスの集計はこの混乱の中で行われる事になったが，その責任者となったのがロバトであり，彼はそれを成し遂げた。

オランダとベルギーとの断交の中でロバトとケトレーとの直接的交流は困難になったが，文通は継続された。だがやはり，ケトレーからの来信は相対的に少なくなっていったようである。この傾向は，ケトレーが国際的に著名な統計学者になっていくに従いさらに進んだが，ロバトのケトレーに対する敬愛は終生変らなかった。

その一方で，ケトレーの社会物理学のロバトに対する影響は限定的であった。スタムホイスは書いている。「ロバトは，ケトレーが統計学を人間と社会に関わる科学の基礎・基本とみなす熱狂にはついていけなかった。ロバトは一人の数学者に留まった。その統計学に対する関心においても。」[10] 事実，彼は，その『年鑑』の1839年から1849年の終刊まで，オランダにおける犯罪統計のデータを掲載したが，その解説でケトレー流の「平均人」にふれる事は遂になかったのである。

III ロバトによる各種年金の現在価額評価

デ・ウィット，フッデに始まり，ストルイク，ケルセボームが発展させた終身年金の現在価額評価の理論と方法は，19世紀に入ってロバトにより継承された。彼は1820年代の数学教師の求職活動の一環として『代数学問題集』

を著したが、さらにその数学的能力を終身年金等の現在価額評価問題に向け、そのテーマで2冊の著作を書いた。それが参考文献のLobatto（1830a），Lobatto（1830b）である。前者のメインタイトルは『生命保険会社の特質，収益，組織の考察』であるが，終身年金基金やサブタイトルにある寡婦年金基金（Weduwen-fondsen, 後述の寡婦年金を運営する基金）を始め各種の年金基金には，生命保険企業よりも多くの頁数が充てられている。(11)そして生命表をもとにそれらの年金の現在価額の推計とその基金運営の持続可能性の検討が行われている。後者のLobatto（1830b）のテーマは，孤児年金基金（Weezen-fondsen）の現在価額評価と運営持続可能性である。本章では，前者のLobatto（1830a）における生命表を用いた各種年金の現在価額評価の問題を取り上げる。

ロバトによれば，オランダには17世紀以降の終身年金研究の蓄積があるが，そこでのストルイク等の研究も寡婦年金に関しては不十分であり，現在はさらに年金に関する無知が広がっている，という。(12)事実，18世紀末から19世紀にかけて乱立された寡婦年金（Weduwen pention, 夫婦が年払いまたは一時払いで加入し，夫に先立たれた時に残された妻が一定額の年金を終身受給する）の基金の多くが支払いに行き詰まって倒産している。適正な年金現在価額評価に基づかない低料金競争が行われた事によるものであった。(13)ロバトはこの著作で寡婦年金及び終身年金（Lijfrenten, 一般に一時払いで加入し翌年から一定額の年金を終身受給する）と結婚年金（Huwelijksrenten, 夫婦が一時払いで加入し，結婚生活が継続している間一定額の年金を受給する）の現在価額を生命表に基づいて算出し，その比較を行っている。現在価額評価の方法はこれら3種類の年金に共通するが，それは終身年金の場合の方法が基本になっている。それは17世紀半ばにデ・ウィットが初めて用いた方法であり，ロバトもそれに従っているが，その方法を現代の記号で示すと次のようになる。

まず，共にk歳の夫婦の妻が年1f. 受給の終身年金に加入するとする。利子率をrとすると加入からi年後に受給する1f.の現在価額は$1/(1+r)^i$であり，加入時k歳からi年間生存する確率をp_{lwi}とすると，この終身年金の現在価額P_{lw}は次のようになる。

$$P_{lw} = \Sigma_i [p_{lwi} \cdot \{1/(1+r)^i\}] \tag{1}$$

このΣ_iは$i=1$から,女性生存者の最高年齢をm_w歳として$i=m_w-k$までを加えるものとする。ここで確率p_{lwi}の代わりに,生命表でのi歳の女性の生存数をL_{wi}として,k歳からそのi年後までの生存率$L_{w(k+i)}/L_{wk}$を用いる。即ち$p_{lwi}=L_{w(k+i)}/L_{wk}$とすると,

$$P_{lw} = \Sigma_i [\{L_{w(k+i)}/L_{wk}\} \cdot \{1/(1+r)^i\}] \tag{2}$$

となる。このΣ_iの範囲は(1)式の場合と同じものとする。

ロバトは寡婦年金と結婚年金に関しても,「確率」を「生存率」に置き換えてその現在価額を求める。まず結婚年金である。彼は,結婚生活の継続は夫婦いずれかのもしくは両者の死によってのみ断たれると限定し,また夫婦の死亡は相互に独立だと仮定する。そうすると,共にk歳の夫婦の結婚生活がi年間継続する確率p_{hi}は,夫と妻のそれぞれがi年間生存する確率の積になる。この確率を男女別生命表での生存率に置き換える。この生命表でのi歳の男女それぞれの生存数をL_{mi}, L_{wi}とすると,確率p_{hi}は,夫婦それぞれのi年間の生存率の積,

$$p_{hi} = (L_{m(k+i)}/L_{mk}) \cdot (L_{w(k+i)}/L_{wk})$$

で置き換えられる。この時,結婚年金の現在価額P_hは

$$P_h = \Sigma_i [\{(L_{m(k+i)}/L_{mk}) \cdot (L_{w(k+i)}/L_{wk})\} \cdot \{1/(1+r)^i\}] \tag{3}$$

となる。ここでΣ_iは,$i=1$から,男性の最高年齢をm_m歳として$i=m_m-k$までを加えるものとする(女性の最高年齢m_wに対し,$m_m \leq m_w$とする)。

次に寡婦年金である。この年金に加入した共にk歳の夫婦において,その夫がi年後に死んで妻が寡婦になる確率p_{wi}は,(夫婦の死亡の相互独立を仮定して)i年後に妻が生存している確率と夫が死亡する確率との積になる。これを生命表でのその期間の女性の生存率と男性の死亡率の積で置き換える。この時,寡婦年金の現在価額P_wは次のようになる。

$$P_w = \Sigma_i [\{1-(L_{m(k+i)}/L_{mk})\} \cdot \{(L_{w(k+i)}/L_{wk})\} \cdot \{1/(1+r)^i\}] \tag{4}$$

ここでΣは,男性の最高年齢m_mに対し,$i=1$から$i=m_m-k$までを加えるも

第7章　19世紀オランダにおける政治算術と確率論の統合

のとする。

　各年金の現在価額評価は以上の方式に従うとして，次の問題は確率の代用を果たす生命表である。ロバトが利用したのは，アムステルダムで1816～1825年の10年間に作成された生命表の平均から得られたものであった（表7-1）。原表は出生数10000人の生存数が1歳ごとに示されているが，引用では5歳以後を5歳間隔にした。ロバトがとった方法の特色は，原表を男女それぞれ60歳の1000人からスタートする生命表に組み替えて利用する所にあった。これは，一般に，終身年金，寡婦年金，結婚年金等に加入しようとするのは高齢者夫婦が多いと考えられるので，それに合わせて高齢者の生命表を利用して三者の年金

表7-1　アムステルダムにおける生命表

年齢	男	女	年齢	男	女	年齢	男	女
出生数	10000	10000	25歳	4924	5692	70歳	1093	1765
1歳	7487	7952	30	4540	5347	75	644	1127
2	6806	7328	35	4202	4981	80	317	572
3	6385	6936	40	3814	4600	85	118	213
4	6152	6722	45	3433	4241	90	35	61
5	6002	6574	50	2994	3847	95	10	19
10	5641	6265	55	2538	3407	100	3	2
15	5503	6130	60	2051	2948	101	2	1
20	5311	5971	65	1561	2379	102	0	0

注：アムステルダムにおける1816～1825年の資料に基づいてロバトが作成した。
出所：Lobatto, R.(1830a)，巻末付表。

表7-2　各年金の現在価額評価のための基礎指標（一部分）

年齢（歳）	原表（人） 男性	原表（人） 女性	60歳基準表（人） 男性	60歳基準表（人） 女性	妻の生存確率	結婚生活継続確率	妻が寡婦になる確率
60	2051	2948	1000	1000	1.0	1.0	0
61	1953	2842	952	964	0.964	0.918	0.046
62	1854	2731	904	926	0.926	0.837	0.089
63	1755	2617	856	888	0.888	0.760	0.128
64	1658	2500	808	848	0.848	0.685	0.163
65	1561	2379	761	807	0.807	0.614	0.193

出所：Lobatto, R.(1830a) pp.69-89.

を比較しようとしたためであろう。

　ロバトは，共に60歳の一組の夫婦が，イ）妻が終身年金に加入した場合の妻の生存確率，ロ）結婚年金に加入した場合の結婚生活継続確率，ハ）寡婦年金に加入した場合に妻が寡婦になる確率，の三者の代理指標を，60歳基準に組み替えた生命表をもとに求める。表7-2はその結果の一部分を示したものである。この基礎指標と先の(2)，(3)，(4)の計算式を用い，受給年金額1f.，利子率4％の前提で，ロバトは60歳夫婦の妻が加入する終身年金，夫婦で加入する結婚年金，寡婦年金の三者の現在価額を算出した。彼によるその結果は，妻の終身年金の現在価額が8.872f.，結婚年金のそれが5.7617f.，寡婦年金のそれが3.1103f. であった。(14) 即ち，

$$終身年金現在価額 = 結婚年金現在価額 + 寡婦年金現在価額$$

となった。この等式は直観的にも理解可能であろうが，寡婦年金の(4)式は，

$$P_w = \Sigma_i [\{1 - (L_{m(k+i)}/L_{mk})\} \cdot \{(L_{w(k+i)}/L_{wk})\} \cdot \{1/(1+r)^i\}]$$

$$= \Sigma_i [\{(L_{w(k+i)}/L_{wk})\} \cdot \{1/(1+r)^i\}]$$

$$- \Sigma_i [\{(L_{m(k+i)}/L_{mk}) \cdot (L_{w(k+i)}/L_{wk}) \cdot \{1/(1+r)^i\}\}]$$

となる。即ち，

$$P_w = P_{lw} - P_h$$

であり，従って

$$P_{lw} = P_h + P_w$$

となる。

　以上が，各種年金の現在価額評価に関するロバトの業績の基本部分であるが，ここで利用された方法は，デ・ウィットに始まりストルイク，ケルセボームに継承された方法と基本的に変わっていない。終身年金に続いてオランダ社会に普及したその変種に対して，基本的方法を展開して適用した，と見る事ができよう。

IV　ロバトの偶然誤差理論

　ここまで，ロバトによる各種年金の現在価額評価を見てきたが，彼は，年金基金や生命保険会社の持続可能な健全経営にとっての必要な条件として，この現在価額評価方法に加え，信頼できる生命表と長期的に利用可能な利子率とを考えていた。[15]特に生命表に関しては，その著書 Lobatto (1830a) の第Ⅲ章のタイトルを「生命表の作成について。各年齢での有り得るそして平均の余命の研究」として検討を加えている。ここでの「有り得るそして平均の余命」(waarschijnlijken en gemiddelden leeftijd) という表現の意味は，多数の生命表でのそれぞれの数値の平均から求めた，そして将来の予測に使えるような余命，である。事実，ロバトは1816年から1825年の10年に亘る期間の平均から得られた生命表を用いたが，これは18世紀のストルイクやケルセボームが単一年の生命表しか利用し得なかった事と比べると，大きな進歩であった。

　そしてロバトは生命表に関しても，天体観測での誤差等と同じように，そこでの数値を多数集めて平均するとその真値に近づくと考えていた。[16]こうしてロバトは生命表を通して，ガウス，ラプラスらによって確立された偶然誤差理論に接近していく。但し主として依拠したのは，両者に遅れて理論の簡潔化平易化を進めたポワソンの業績であった。

　偶然誤差理論に関して彼は，Lobatto (1829), Lobatto (1860) の二論文を書いている。前者で彼は，観測値には誤差が含まれており観測を重ねるとバラツキが表れる事，しかし多数の観測値の算術平均を求め，それから（所謂分散に近い）ある指標を計算するとそのバラツキの幅の尺度が得られる事を，掲載誌の『ロバト年鑑』の性格に合わせて一般読者を対象に述べている。だから，本章では Lobatto (1860) の基本部分を取り上げたい。[17]

　この論文で彼は，次のような段階をとりつつ，その偶然誤差理論を展開した。それは，離散的な根源誤差の和として誤差を捉える方法から始めて，連続な変数に与えられる連続な誤差関数へ進もうとするものである。

　イ）S 回繰り返される観測で，偶然誤差を含む観測値を $(F_1, F_2, \cdots, F_S)$ と

し，実際に観測された値を $(f_1, f_2, \cdots, f_s)$ とする。$(f_1, f_2, \cdots, f_s)$ のそれぞれの値は，$(-iw, -(i-1)w, \cdots, -w, 0, w, \cdots, (i-1)w, iw)$ の異なる大きさを持つ $2i+1$ 個の根源誤差のいずれかを等確率でとったもの，とする。即ち $P(F_j=f_j)=1/(2i+1)$ である。従って S 回の観測の和を $F(F=F_1+F_2+\cdots+F_s)$ とすると，F がある実測値 f $(f=f_1+f_2+\cdots+f_s)$ をとる確率 $P(F=f)$ は $1/(2i+1)^S$ となる。

ここで S 回の観測値の和 f が，ある m に対して $f=mw$ となる確率 $P(F=mw)$ を求める。まず $(t^{-iw}+t^{-(i-1)w}+\cdots+t^0+\cdots+t^{iw})^S$ という式を展開する。そこでの t^{mw} の項の係数を N とすると，N は，$2i+1$ 個の根源誤差から S 個を復元抽出した時，それらの大きさの和が mw になる場合の数である。従って $P(F=mw)=N/(2i+1)^S$ となる。また，この t の多項式に t^{-mw} を掛けた時の定数項の値は N である。

ロ）次に観測 F_j において $2i+1$ 個の根源誤差のいずれかをとる確率が異なっている場合である。ロバトは，根源誤差のそれぞれに Y_k $(k=-i, \cdots, i)$ を与えて，$\Sigma_k Y_k$ に対する $Y_p/\Sigma_k Y_k=y_p$ を求める $(-i \leq p \leq i)$。そして，この y_p を $f_i=pw$ となる確率とみなす。この時，S 回の観測における観測値の和 F が mw となる確率 $P(F=mw)$ は，$(y_{-i}t^{-iw}+y_{-(i-1)}t^{-(i-1)w}+\cdots+y_0 t^0+\cdots+y_i t^{iw})^S$ を展開した時の t^{mw} の項の係数である。この t の多項式に t^{-mw} を掛けた式を $A(t)$ とすると $A(t)=t^{-mw}(\Sigma_p y_p t^{pw})^S$ の定数項の値が $P(F=mw)$ となる。

ロバトはこの $P(F=mw)$ を容易に得る方法を求めて，$A(t)$ の t に $e^{\phi i/w}$ を代入する。その時 $A(t)$ は ϕ の複素関数 $e^{-m\phi i}(\Sigma_p y_p e^{p\phi i})^S$ に変換される。これは $e^{-k\phi i}$ (k は整数) の項の和の形をとるが，オイラーの公式 $e^{i\theta}=cos\theta+i sin\theta$ を用いて展開すると，$e^{-k\phi i}$ の $-\pi$ から π までの積分が $k \neq 0$ の時にゼロになり，$k=0$ で 2π になる事が知られている。この残される $k=0$ の項は t^0 の項と合致するので，次式から $P(F=mw)$ が得られる（積分範囲は $-\pi$ から π）。

$$P(F=mw)=(1/2\pi)\int\{e^{-m\phi i}(\Sigma_p y_p e^{p\phi i})^S\}d\phi$$

ハ）ロバトは，連続な実数をとる偶然誤差の誤差法則を求める準備として，F が uw と $u'w$ の間を取る確率 $W_1=P(uw \leq F \leq u'w)$ を求める。Σ は m に関して u から u' まで加えるものとすると，W_1 は次のようになる（積分範囲は $-\pi$ から π）。

$$W_1 = (1/2\pi)\int\{\Sigma_m e^{-m\phi i}(\Sigma_p y_p e^{p\phi i})^S\}d\phi \tag{1}$$

ここで，個々の観測 F_j が取りうる範囲を $-a \leq F_j \leq a$ とし，根源誤差の w をゼロに近づける。同時にその数を無限に増加させ，連続な直線に近づける。この時 F_j が連続な直線上で $x \leq (F_j = pw) \leq xdx$ となる確率密度を ydx とする。また，ϕ を $\alpha = \phi/w$ で α に変換し $pw = x$ とすると，(1)式の $(\Sigma_p y_p e^{p\phi i})$ の部分は次式のようになる（積分範囲は $-a$ から a）。

$$\Sigma_p y_p e^{p\phi i} = \int y e^{\alpha x i} dx$$

ここで誤差は連続になったとして，F のとる範囲 $(uw \leq F \leq u'w)$ を，ある実数 b と c に対する $(b-c \leq F \leq b+c)$ で置き換える（但し，c は変数とする）。また，(1)式の $\Sigma_m e^{-m\phi i}$ の部分を少々複雑な展開をへて次式に変換する（積分の範囲は $-\infty$ から ∞）。

$$\Sigma_m e^{-m\phi i} = \int [e^{-b\alpha i}\{(\sin c\alpha)/\alpha\}]d\alpha$$

これらを(1)式に代入したものを W_2 とする。

$$W_2 = (1/\pi)\int[e^{-b\alpha i}\{(\sin c\alpha)/\alpha\}\{(\int y e^{\alpha x i}dx)^S\}]d\alpha$$

ここで，この誤差分布 W_2 はその指数部分に関して対称だとすると，次のように変換される（積分範囲は x に関して $-a$ から a，α に関しては $-\infty$ から ∞）。

$$= (1/\pi)\int[(\cos b\alpha)\{(\sin c\alpha)/\alpha\}\{(\int y\cos\alpha x dx)^S\}]d\alpha \tag{2}$$

これが離散的な根源誤差から展開された連続な偶然誤差法則であるが，そこでの要素的な確率密度 ydx はまだその具体的な式が与えられていない。そこでロバトは「我々はこの最後の式を，偶然誤差があらゆる可能な値をとり得る場合に適用していく。そしてそこでの確率法則をよく知られた次の関数で表す。」[18]として次の式を示す（h は観察の正確度を表す）。

$$y = (h/\sqrt{\pi})\exp\{-h^2 x^2\}$$

この所謂誤差曲線 y と $(\sin c\alpha)/\alpha = \int\cos c\alpha dc$（積分範囲は 0 から c）を(2)式

に代入したものを W_3 とすると,

$$W_3 = (1/\pi) \iint [exp\{\alpha^2 S/4h^2\}\{cos b\alpha\, cos c\alpha\}]dcd\alpha$$

となる（積分範囲は $-\infty$ から ∞ 及び 0 から c）。ここでロバトは, ポワソンに倣って次のラプラスの公式

$$\int exp\{-x^2\} cos ax\, dx = \sqrt{\pi}\, exp\{-a^2/4\}$$

を用いて変換する。[19] その時連続な偶然誤差の誤差分布 W_4 は,

$$W_4 = (h/\sqrt{\pi S}) \int exp\{-(b+c)^2 h^2/S\}dc \tag{3}$$

となる。こうしてロバトは, (3)式の $-c$ から $+c$ までの積分は, S 回の観測での観測値の和 F が $b-c$ と $b+c$ との間にある確率 $P(b-c \leq F \leq b+c)$ となる事を示したのである。ところで(3)式を $(b+c)/\sqrt{S} = x$ で変数変換すると,

$$W_4 = (h/\sqrt{\pi}) \int exp\{-h^2 x^2\}dx$$

となる。従ってロバトは, 連続な S 個の観測値の和がある範囲内に入る確率を正規分布と基本的に同形である誤差曲線で示した事になる。[20]

　以上が, ロバトの偶然誤差理論の基本であるが, そこでは, 離散的な根源誤差の和から始め, 連続的な偶然誤差に与えられる誤差曲線に至る展開が進められている。しかし, 彼は最後のハ)の段階の基本部分でポワソンが取った方法に依拠した。また, そこでの要素的な確率密度 ydx を正規分布と同形である誤差曲線としたが, これは証明すべき命題を証明の過程に忍び込ませた, と見る事ができる。従って, ロバトの偶然誤差理論の評価は次の点にあると考えられる。即ち彼が, 生命表は調査誤差を持っているが故にその利用はこの誤差の確率的評価を基礎において進められねばならない, としていた点である。彼は, その延長上に現代の標本調査による区間推定のごときものを生命表に求めていた。しかしそこでは, 調査誤差が全て偶然誤差だとする前提が必要である。

V 小括と残された課題

　以上，ロバトの生涯と業績，特に各種年金の現在価額評価及び偶然誤差理論の業績を概観してきた。それは，統計資料としての生命表の綿密な検討に始まり，政治算術と確率論の方法論的統合を図ろうとするもの，そしてそれを18世紀末以来特にフランスで発展した新しい確率論を踏まえて進めようとするものでもあった。

　このロバトの業績を17世紀半ば以来のオランダ統計学の伝統から見ると，その流れに棹さすものであった，と言えよう。そこでは，まず人口変動に関わる政策的問題が課題として取り上げられる。そして複雑な人口集団現象の中に何らかの秩序を見出し，それを利用しつつ課題への解決策を提示しようとするものであった。課題が主として人口現象に求められたのは，そこで中長期的に利用可能な統計的規則性が得られ易かったからであろう。事実，18世紀初頭のヤコブ・ベルヌーイ以来，確率論を研究した多くの数学者がその適用分野として注目したのは人口現象であった。オランダ統計学の伝統はこの流れとも交わるものであった。

　一方，18世紀後半このオランダにドイツ国状学が流入してくる。そして19世紀に入るとライデン大学を始めとする各大学の法学部で官僚養成目的の主要科目になっていった。しかし，ドイツでは国状学としての統計学を学んだ卒業生が領邦国家の官僚として受け容れられていったのに対し，19世紀初頭中央集権的な王国となったオランダでは，単なる行政官僚としての需要はそう多くなかった。大学法学部での研究教育やその卒業生の知識で求められるものの中では，むしろ国家の産業・通商等の経済政策のウエートが高かった。それも，かつて通商国家として栄えたオランダの歴史を踏まえた経済政策である。19世紀後半のドイツでは，国状学がその理論的基盤の薄弱さに対する批判の中で行き詰まり，代わって歴史学派経済学との結び付きが強い社会統計学が成立していったのに対し，国状学が流入した後のオランダでは，その統計学の理論的政策的基礎を求めて Political Economy としての英国経済学に接近していく事に

なるのはこのような事情による,と考えられる。

その象徴的な出来事は,1850年にライデン大学法学部教授に任命されたフィセリングが行った教授就任講演である。そのテーマは,「経済学の基本原理としての自由」であった[21]。次の課題は,19世紀後半のオランダで国状学と英国のPolitical Economyとが交わり併進していく過程をフィセリングの業績と合わせて明らかにしていく事である。

注
(1) この「仮説」については,吉田（1974）25頁参照。自画自悔である。
(2) 本書第2章参照。
(3) 本書第1章II参照。
(4) 本書第4章II参照。
(5) 本書第5章参照。
(6) 本書第6章参照。
(7) 以下,ロバトの生涯については,主としてStamhuis (1989) 2.1.-2.4. によった。
(8) アムステルダム市立の高等教育機関で,1876年に大学に昇格した。なおスウィンデン（Swinden）は,1795年のアムステルダム市人口調査を指導した数学者・統計学者で,後に,都市・農村の死亡率格差でライデン大学のクルィト教授と論争して屈服させている。
(9) Klep & Stamhuis (2002) p.112. なおこのケトレーの著作のタイトルは次の通りである。*Recherches sur la population, les naissances, le décès, les prisons, les dépôts de mendicité, etc. dans le royaume des Pays Bass* (Brussels).
(10) Stamhuis (1989) p.77.
(11) ロバトは,「生命保険企業」のタイトルを持つこの著作刊行後の1832年に,政府の生命保険業指導の顧問に任命され,続いてオランダ生命保険業協会の顧問になっている。
(12) Lobatto (1830a) Voorberigt, iv.
(13) Stamhuis (1989) p.103.
(14) Lobatto (1830a) pp.69-89. 原文では寡婦年金の現在価額が3.1003f. となっているが,続けて「年金額が100f. の時は311.03f. になる」とある事から,3.1103の誤植と思われる。
(15) Stamhuis (1989) p.104.
(16) *ibid.* pp.116-119.
(17) Lobatto (1860) pp.97-106.
(18) *ibid.* p.103.

(19) *ibid.* pp.104-105. ロバトが依拠したポワソンの偶然誤差理論は，Poisson（1837）pp.254-276にあるが，Hald（1998）pp.317-327に平易で詳しい説明がある。但しポワソンは，連続な誤差から始めている。
(20) *ibid.* pp.105-106.
(21) Vissering（1850）及び本書第8章Ⅲ参照。

参考文献
① Hald（1998）*A History of Mathematical Statistics from 1750 to 1930*, N.Y.
② Klep & Stamhuis（2002）*The Statistical Mind in a Pre-Statistical Era: The Netherlands 1750-1850*, Amsterdam.
③ Lobatto（1830a）*Beschouwing van den aard, de voordeelen, en de inrigting der maatschappijen van levensverzekering; bevattende tevens eene verklaring der ware gronden van berekening, tot het ontwerpen van duurzame weduwenfondsen, bijzonderlijk opgesteld ten dienste der ongeoefende in de wiskunde*, Amsterdam.
④ Lobatto（1830b）*Over de inrigting en berekening van duurzame weezenfondsen, bijzonderlijk opgesteld ten dienste der ongeoefenden in de wiskunde*, Amsterdam
⑤ Lobatto（1829）Over het bepalen der gemiddelde uitkomsten van een groot aantal waarnemingen, *Jaarboekje op last van Z.M. den Koning, 1829.*
⑥ Lobatto（1860）Over de waarschijnlijkheid van gemiddelde uitkomsten uit een groot aantal waarnemingen, *Archief uitgegeven door het Wiskundig Genootschap onder de zinspreuk 'Een onvermoeide arbeid komt alles te boven'* Ⅱ.
⑦ Poisson（1837）*Recherches sur la probabilité des jugements en matière criminelle et en matière civile*, Paris
⑧ Stamhuis（1989）*'Cijfers Aequaties' en 'Kennis der Staatskrachten', Statistiek in Nederland in de negentiende eeuw*, Amsterdam.
⑨ Vissering（1850）Over vrijheid, het grondbeginsel der Staathuishoudkunde, *Verzamelde Geschriften van Mr. S. Vissering*, Vol.Ⅱ, Leiden, 1889.
⑩ 吉田忠（1974）『統計学―思想史的接近による序説―』同文舘出版。

第8章
シモン・フィセリングの統計学
――19世紀中葉オランダでの大学派統計学の展開――

I　はじめに

　オランダにおける統計学の歴史は，17世紀半ば，ホイヘンスの確率論と終身年金加入者記録とをもとになされたデ・ウィットの一時払い終身年金の現在価額評価に始まり，それが18世紀半ばのストルイク，ケルセボーム，19世紀前半のロバトらによって継承発展させられた流れが主流であった。この流れは，ケルセボームが自任した「オランダの政治算術」と呼ばれるが，各種の年金の現在価額計算の枠から出て社会問題や経済政策に関わる事はなかった。また16,17世紀に創立されたライデン大学やユトレヒト大学等のアカデミズムで講義される事もなかった。(1)ところが18世紀前半，これら有力大学に国状学が流入する。そして19世紀に入るとゲッチンゲン学派の影響下の国状学がそれぞれの大学の法学部で「統計学」の名で開講されるようになった。しかし19世紀半ば頃までの講義は，国家，国土，国民，産業等に関する，数量表示は部分的な事実資料の提示と説明であり，タイトルのStatistiekの訳語はむしろ「統計」が相応しいであろうが，特に区別せず，以下，19世紀オランダの諸大学法学部で講義されたこの統計学を大学派統計学と呼ぶ事にする。
　この大学派統計学は，19世紀半ば以降，当初同一視されていた経済学との結合から離れて数量的社会現象把握の方法論に傾斜していく。本章は，1850年から29年間ライデン大学法学部で統計学，経済学等の教授を務め，統計学界で重要な役割を果たしたフィセリングの統計学を通して，この大学派統計学の展開過程とその要因を明らかにする事を目的とする。

II 国状学の流入と大学派統計学の形成

1 国状学の流入

　ハンガリーの統計学史家ホルヴァートは，ドイツでの国状学成立に関してオランダが次のように浅からぬ因縁を持つ事を指摘する。まずその創始者コンリングが最初ライデン大学に入り医学・哲学・神学を学んだ事である。そしてその国状学体系化において，当時オランダで刊行されていたエルツェヴィール兄弟編集の各国別国状記述叢書に依拠する所，大であった事である。十字軍以後に北イタリアで始まった各国別国状記述書の編集出版は17世紀にはオランダにその拠点を移していたが，このエルツェヴィール叢書はそこでの各国別国状記述書では最も網羅的で優れていたと言われる。さらに，コンリングはその国家論でグロテゥスの影響を受けていたという。[2]

　このようなオランダとの関わり合いの中で形成された国状学は18世紀前半にオランダに流入し，19世紀に入ると各有力大学法学部で統計学の名で講義されるようになる。以下大学派統計学の形成と展開を，フィセリングがその過程を検討した論文「大学での統計学」とスタムホィスの『"数字と等式"及び"国家力の知識"―19世紀オランダの統計学―』とに基づきながら概観したい。[3]

　実はオランダでも17世紀頃から各国国状記述の講義がいくつかの大学でなされていたが，コンリングの国状学導入の契機となったのは，1720年から19年間ユトレヒト大学教授として国状学等の講義をしていたドイツ人のオットーが，1726年に *Primae Lineae Notitiae rerum Pubulicarum in usum auditorium*（『学生のための諸国家知識の概論』）という国状学テキストを刊行した事であろう。このテキストはユトレヒト大学での彼の後任ウェセリングの講義でも用いられたが，それを聴講したのが後に初めて「統計学」の名称の国状学講義をライデン大学で行ったクルイトであった。そしてライデン大学でこのクルイトの講義を聴いたのがタイデマンであるが，彼は，ゲッチンゲン大学のシュレーツァーによる *Theorie der Statistik. Nebst Ideen über das Studium der Politik überhaupt*（『統計学の理論』1804）の出版直後に蘭訳して刊行した，*Thorie der*

Statistiek of Staatskunnde（『統計学もしくは国状学の理論』1807）である。このようにライデン大学を舞台にクルィトとタイデマンによって行われたのが，国状学導入の第二段階，正確にはそのゲッチンゲン学派の本格的導入である。

2 大学派統計学の形成——クルィトの統計学——

1735年にドルドレヒトに生まれたクルィトは，ユトレヒト大学で学んだ後，ラテン語学校等の教師をへて1778年にライデン大学法学部教授となり，歴史学，オランダ史，考古学等を担当した。しかし1795年，7州の総督を兼ねていたオラニェ家ウイレムの英国逃亡によりバタヴィア共和国が成立すると，彼はオラニェ派とみなされた何人かの教授と共に職を免じられる。この免職時に「統一オランダの統計」というテーマで国状学的な諸資料の収集・整理を始め，やがてそれに基づく統計学及び経済学の講義を1802年頃から私的に，また少し遅れて私講師としてライデン大学で開始した。1806年にはライデン大学に正式に復職し，教授として統計学と経済学の講義を開始する。しかしその翌年の1807年1月12日，ライデン中心地で火薬を積んだ船が爆発してライデンの街の半分を瓦礫に変えた「ライデン大災害」の際，住宅の倒壊によってクルィトは生命を失う。この不慮の死は大学派統計学の大きな損失であったが，その死を悼んだ国王ルイは，ライデン大学での統計学，経済学の講義の再開と新たな講座新設を命じた。[4] これは，ベルギーを併合したオランダ王国の成立直後，国王（オラニェ家のウイレムⅠ）による1815年の大学組織令改正によって実現する。

フィセリングの論文は，この1815年の大学組織令で定められた「統計学」の科目設置と同じ条文が60年以上も後の大学組織に関する法令にも見られるが，その間にこの統計学の内容は大きく変わっている，という指摘から始まる。この間に講義の名称も1815年の「我が国の統計」から77年の「統計学の理論」に変わっている。フィセリングはこの変化を見るため，まず「我が国（オランダ）の統計」で代表されるクルィトの講義を取り上げ，そこに見られる特質を次のように示した。クルィトは，本来の担当であった歴史学関係科目でも経済側面を重視していたが，それは保護主義と重農主義との混合であり，アダム・スミスの学説などは十分理解していなかった。教授免職後は，アッヘンワールに依拠した統計の研究に専念した。その講義では，国の繁栄，国力の源泉，各産業

の一部数量的な実態描写，国民の福祉増加手段等が述べられており，結果的に統計資料は経済資料とほとんど重なっている。フィセリングは「クルィトは統計学と経済学の両者を同義のものとして，交互に用いたりしていた」と指摘する。[5]

このようにクルィトはゲッチンゲン学派を継承しつつ統計学を経済学と同義のものとしていたが，この点はその後ライデン大学を拠点に発展する大学派統計学の特質でもあった。

3　大学派統計学の転換

ライデン大学法学部の統計学講義は，クルィトの不慮の死によって中断するが，1809年からのトリウスによる短期間の中継ぎの後，タイデマンが1812年から1848年までの長期間，教授として「我が国の統計」の講義を続ける事になる。フィセリングによると，タイデマンのこの講義は印刷されたものが残っていないのでその内容を正確に知りえないが，聴講生によれば，オランダの国家組織，人口，通商，工業，農業，漁業，植民地等の政治的・経済的・社会的状況の叙述であったようだ，という。さらに，これらの講義は，当時，国家や通商産業に関する正確で詳しい情報はあまりなく，あっても厳重な機密とされている場合が多かったので，極めて貧弱な資料に基づいて行われていたようだ，という。[6]

ここでフィセリングは，この頃統計学をめぐる状況に大きな変化が起き始める，と述べる。「1840年代前半から，われわれに科学的研究のために公的に収集された統計が利用可能な資料として提供されるようになった。そしてちょうどこの頃，統計の科学的研究は全く新しい方向を取るようになった。外国はベルギー，フランス，ドイツの学者の影響の下，国内はアッカースデイクやその短い生涯が科学のために惜しまれるファン・リースの影響の下で。その新しい方向は，古いゲッチンゲン学派とその統計概念とを急速に背後においやるものであった。」ここでフィセリングが「新しい方向」と述べているものは，英国のペティ，グラントだけでなくドイツのジュースミルヒ，オランダのストルイク，ケルセボーム，ロバト等々を含む政治算術派の方法論であった。[7]

そして1850年，フィセリングはライデン大学法学部の統計学等担当教授に就任する。

III　フィセリングとライデン大学

1　フィセリングの略歴

　シモン・フィセリングは1818年にアムステルダムで，メノー派（再洗礼派の一派）を熱心に信仰する商人の子として生まれた。[8]彼が後々まで，近代科学と信仰の両立を固く信じていたのは，その出生に由来する。アムステルダムのアテニュウム（Athenaeum，大学進学の中等教育校）で古典文学と法学を学んだ後，1837年から42年までライデン大学法学部に学ぶ。当時，統計学，経済学等を講義していたのはタイデマン教授であった。しかし彼が最も強い影響を受けたのは，法制史の大家でかつ熱心な自由主義者であったトルベッケ教授であった。[9] 1842年，ライデン大学から Quaestiones Plautinas（「プラウトゥス論」）という論文で文学博士と法学博士を授与される。プラウトゥスは古代ローマの喜劇作家であるが，その喜劇では，奴隷とその主人の間で自由，契約，信用等の問題をめぐる多くのやりとりが交わされている。フィセリングはその喜劇を，古典文学としてだけでなく古代ローマにおけるこれら経済に関わる法的概念のリアリティを検証する場として捉えていた，という。

　学位を取得したフィセリングは，アムステルダムで弁護士を開業したが，間もなく政治・経済問題の論文を雑誌に寄稿し始める。特に英国での関税制度に関心を示したが，これは，穀物法廃止に至るその歴史を通して，オランダ王国成立後，「遅れて来た専制君主」と呼ばれた国王ウイレムⅠ世の保護関税による重商主義的産業育成策への批判に結びつくものであった。このオラニェ家のミニ絶対主義的専制は，ベルギーの独立（1830）とそれをめぐる混乱もあって後退していく。西欧各国を革命の嵐が吹き荒れた1848年，国会議員を兼ねていたトルベッケを長とする委員会が作成した立憲君主制と議会制民主主義的な憲法改正案が国会で成立する。そして翌年トルベッケは新憲法に沿った政権・政治を実現すべく，ライデン大学を退職して首相に就任する。その後任として招かれたのがフィセリングであった。フィセリングは，このライデン大学法学部教授を1879年に政府の財務大臣に就任するまで，29年にわたって務めた。1881

年に財務大臣を辞した後はライデン大学の理事を務めたが，1888年，71歳で永眠した。

2 教授就任講演「経済学の基本原理としての自由」

その統計学の検討に入る前に，フィセリングの教授就任講演「経済学の基本原理としての自由」を取り上げたい。そこに，彼が終生抱き続けた社会科学観，即ち社会の歴史的変化の中で人間の自由がどう変わってきたか，またそれを認識する人間の能力とその成果はどう展開してきたか，そして経済学の成立・発展の中で人類はいかに利己心と隣人愛とを両立させ得るような自由を手にするに至ったか，を示そうとした論文である。[10]

フィセリングは冒頭，大学の慣例を破ってラテン語ではなくオランダ語で講演をする事の弁明から始める。確かにラテン語，古典文学や人文学の教養は重要だが，それを偏愛する余り，現代社会の諸問題とそれを対象とする新しい科学を無視すべきではない，と述べる。そして古典古代社会での人間の自由は支配者のみが独占するゆがんだ自由である。封建制でも勝利者・領主のみの自由であったが，敗者・家臣にも復活・上昇する可能性としての自由が残されており，また都市では共同体的な自由組織が成長した。フィセリングが古代・中世で特に注目するのは，人間の自主独立を重んじた古代ゲルマン民族であり，神の子としての平等観を基本とする原始キリスト教であった。

しかし，堕落した教会・聖職者や貴族・領主に対して商業と都市の発達が対立する中で宗教改革が起きる。それは諸国民の社会生活に完全な革命をもたらし，「そこから個人の自由の勝利としてプロテスタントが聳え立つように現れた。」それは，単に信仰の自由としてだけではなく，個人の自由の権利の確立として位置づけられる。

続いて重商主義や国内産業保護等の議論の後，以下のような論旨でアダム・スミスが取り上げられる。まず彼の功績は，いかにして国家の富を増加させ市民の福祉を増大させるかを「社会生活の自然法則」の追及において解明した事である。特に，労働の価値を復権させ，労働の自由の意義を明らかにした事は重要だ。しかし経済学の目的を，富の増加と国民の福祉向上の方策を科学的に明らかにする事に限る見方には同意できない。確かに神は，人間を無限の慾求

で満たし，周囲の自然に有限の慾求充足手段を配置し，さらにそれを利用する能力を人間に与えた。その結果，人間が存続していく条件として利己心が必須になる。上記の経済学の目的観は，この制約された人間観に止まっている。人間には，もう一つ神から与えられた第二の原理，即ち相互扶助に対する強力な慾求（隣人愛）がある。人間の社会生活は，この二つの原理の共同作用に依存して成立する。人々が他人のために働いている間は同時に自らの欲求のために働いているのであり，自らの利益のために働いている間は同時に全体の利益のために働いているのである。そこから生じる各人の能力の限りない発展は，彼自身にとってまた隣人一般にとっても有利である。

　このようなアダム・スミス経済学の批判を通して，フィセリングは「利己心と隣人愛の相互促進性」を提示し，これを総ての人間にとって真に自由な状態という意味で自由の原理と呼んだ。それには，科学の自由な研究が必ず人間と社会の真理を明らかにする，という意味も含まれている。フィセリングは論文の末尾で次のように書いている。「自由の原理の拡大が自由のより透明な知識をもたらすというのは歴史に見られる特質である。自由は知識をもたらし，知識はさらに自由をもたらす。科学は，人間をその社会的状態においてまた道徳的発達において，彼らの最も確実な利益が他者の利益を増大させる事だという真理をしっかりと掴めるように高めていく。」[11]

　以上がフィセリングの「自由」をめぐる見解であるが，そこでは，利己心と隣人愛そして科学と信仰というように一般には原理的な対立状態にあるとされるものが両立的に受容されている。この「オランダ的中道論」とでも言うべき姿勢は，フィセリングの統計学論の把握に際しても窺える。

Ⅳ　フィセリングの統計学（前期）

　ライデン大学で29年間講義されたフィセリングの統計学は，その体系と内容において徐々に変化しており，1860年代半ばまでの前期とそれ以後の後期とに大きく分けられるであろう。更に，大学教授に就任する直前に書かれた統計学に関する処女論文「オランダの統計学」（参考文献⑦）は当時の大学派統計

学の学風を色濃く残している点で，また退任直前に書かれた「大学における統計学」(参考文献⑬)は統計学教育の将来展望を示している点でユニークである。本章では，上記の処女論文を糸口とし，1863～65年に行われた幕府留学生の西周と津田真道に対する講義録「統計学の基礎」(参考文献⑩)及びライデン大学1859/60年講義録「我が国の統計」(参考文献⑨，以下「1859/60年講義録」と略称)をもとに前期の統計学を，また『統計学的研究への手引き』(参考文献⑪)，ライデン大学1877/78年講義録「統計学の理論」(参考文献⑫，以下「1877/78年講義録」と略称)及び上記「大学における統計学」等に基づいて後期の統計学を概観したい。[12]

まず「オランダの統計学」であるが，そこでの「統計学」の定義はいささか曖昧である。「統計学は一つの最も厳密な科学である。そしてその基本は数である。それはまず加算と減算とから，続けて等式とから成る。」[13]この定義からすると，続けて統計資料の数理的な加工・利用の方法が展開されるように思われるが，その後，統計学の最も重要な任務が経済学の補助科学としての役割であると述べられるだけで，すぐに統計資料論に入る。そしてそれがほぼ巻末まで続き，全体の約7割を占めるのである。統計資料論といっても，定期的な人口センサスが未だ行われていない当時のオランダでは十全な統計資料は極めて少ない。フィセリングは，①国・地方政府の報告書・業務資料，②組合・協会・会社の報告書，③特定の個人による調査，の三つを「統計資料の源泉」とみなし，それらをいかに整理加工して統計資料を作成するか，それらがいかに不十分で改善の要があるかが論じられている。そしてこれらの統計資料は基本的に国家の政治・政策に関わるものである事を考慮に入れると，この論文で論じられている統計学は，19世紀前半の大学派統計学と基本的には同じであると見てよい。そして本書のタイトルの訳も「オランダの統計」が正しいであろう。ただ統計学と経済学に関して，人間の身体と健康の研究が統計学であり身体の病気の治療法の研究が経済学だとして両者を区別し，[14]統計学を独立の科学だとしている点はクルイトとは異なる。そして，統計学がその補助科学の役割を果たすとされる「経済学」は，理論体系としての経済学ではなく，現実の政治的経済問題を解決する経済政策である。

次に1860年代前半のフィセリングの統計学であるが，「1859/60年講義録」と

「統計学の基礎」(1963/65年) の構成は，基本的に同じである。前者は全体142頁中46頁を統計学の定義，目的，方法等が占め，残りをオランダの国内産業や通商・航海の概況記述が占めているのに対し，後者は38頁中23頁を統計学の定義，目的・役割，方法等が占め，残りには国の概況，国土，人口，通商，航海，財政に関し，調査し表示すべき重点が示されている。

　ここでは「統計学の基礎」を取り上げて，具体的に見てみよう。まず統計学の定義であるが，「ある国民の，または幾つかの国民の，さらに最後には知られているすべての世界の人々の社会生活における現実の状態についての知識が，統計学と呼ばれる。」とされている。なお「1859/60年講義録」では「統計学とは，社会のなかに存在し，作用するものについての知識である。」となっている[15]。いずれも，「統計学」の定義というよりも「統計」の定義と言うべきであろう。

　フィセリングはこの定義を補足する形で，「現実の状態の知識」の三段階論的展開を「統計の目的ないし役割」として取り上げる。最初は，ある特定の物事の状態，例えばある国のある産業の状態を的確に知ろうとする場合である。それが，状態を具体的に述べる代わり適切な表現でそれを簡潔に示すという意味の aanwijzende Statistiek（単示統計）である。次は，その物事の状態を他の物事の状態，例えば他の国の，あるいは他の時期のそれらと比較しようとする場合に利用されるのが vergelijkende Statistiek（比較統計）である。最後に，ある人が物事の状態の比較からさらに進み，かのケトレーが行ったように因果法則を探求しようとする場合が filosofische Statistiek（哲学的ないし理論的統計）である。この哲学的ないし理論的統計の例としてフィセリングは，自然災害の被害状態把握から得られる災害保険の基盤確立，確固たる人口統計から得られる生命保険や終身年金の基盤確立，長期間の犯罪統計から得られる社会秩序政策の確立等を挙げる[16]。

　「統計学の基礎」では，全3章構成の第2章が「統計研究の方法」となっているが，まず事実の正確さの重要性が強調される。ここでの事実は数字で表わされるとその正確さが確認しやすくなるため，数字が多く利用されるが，統計は数字のみからなるとするとそれは誤りである。社会生活の中には，数字では表現しえない事実が幾つもあるからである。

　フィセリングは統計学の方法を，①事実の探索と収集，②収集された事実の

整理と分類，③整理分類された事実の評価と利用，の三段階に分けて検討する。[17]まず①であるが，これを民間の人々に依存するのは無理であり，公的機関のもとでの人々の共同作業が必要だ，とされる。②は，種々の側面を持つ一連の課題に沿って行われなければならず，科学的研究者の仕事になるが，その際は公平さや慎重な厳密さが必要であり，特に当て推量を避けねばならない，とされる。ここで統計学者の仕事は基本的に終り，③は，例えば国内産業保護策を求めている政治家や，自由貿易システムを考察している経済学者等の仕事になるとされ，その際の注意すべき事項が列挙される。

　この三段階論に続き，第2章の最後に「統計学において事実を表現する種々の方法」が示されるが，ここでは表示についての注意事項，その補助手段としての直線・幾何学的図形，統計図が簡単に述べられるのみである。[18]

　こうして前期のフィセリング統計学は大学派統計学から大きく離れるものではなかったと言う事ができる。ただし「現実の状態の知識」の最後の段階である「哲学的ないし理論的統計」に，オランダの政治算術の成果が組み込まれている点に注目すべきであろう。

V　フィセリングの統計学（後期）

　フィセリングの統計学（後期）を見るのに適した『統計学的研究への手引き』は地理学協会の『科学的研究への手引き』叢書の一冊として刊行された小冊子であるが，統計学の体系的著作を刊行しなかったフィセリングにとって，統計学の定義，目的，方法，課題そして資料等を体系的に述べた唯一の著作となっている。この著作の第1部の冒頭でまず「統計学は，一国または多国における社会生活の諸現象に関する科学である。（それはまた）社会の諸事実の知識（である）。」と，統計学の目的と領域を限定する定義が示され，続けて「数字による表現が統計である」とする「誤った見解」への警告がなされる。それは，統計学の統計と自然現象の「統計」との混同が起きるからだという。[19]後期の統計学でもフィセリングは，統計学の対象を非数量的現象をも含む人間の社会生活に限定していた。

第 8 章　シモン・フィセリングの統計学　159

　続けて示される「研究の方法」は，「事実を立証する（ドイツ人の言う大量観察をする）事，即ち記録し，順序付けて分類し，相互に比較する，そして同じ現象が同じ条件で規則的に発生する状況を観察したらそれから事実が支配される因果法則を学びとる」という事実にのみ依拠する方法だ，とされる。続けてフィセリングは，「こうして統計学的研究は次の三つの目的を持つ」として，例の「単示統計」，「比較統計」，「理論的統計」の三段階論を挙げる。上記「研究の方法」の最後の「事実が支配される因果法則を学びとる」という過程を「理論的統計の段階」と理解すれば，この三段階論はやはり実証的研究一般の方法を抽象的にとらえたものである事が改めて確認されるであろう。

　以上の統計学の定義，方法は，「77/78年講義録」でも三段階論に至るまでほぼ同様に述べられている。彼はそこで，この見解がゲッチンゲン学派，英国政治算術，オランダ政治算術の三者総てを統合した立場である，と主張する。しかし，ここまで見る限り，その基本は大学派統計学の大枠から出ていない。この点は，『統計学的研究への手引』第1部で「研究の方法」に続けて「統計資料論」を取り上げ，文明国，半文明国，非文明国に分けて統計資料ないしその素材の入手法を述べている事からも確認できる。[21]

　しかし，第2部統計学的研究が守るべき規則，及び第3部統計学的研究の課題は，フィセリング統計学が大学派統計学の枠から抜け出ている事を示す。前者では統計学的研究に独自な方法論が初めて提示され，また後者で大学派統計学の国状学的把握から一歩踏み出した統計学的研究の課題が挙げられているからである。まず第2部では，「収集された素材を整理し，その成果をまとめ，結論を導出する際，手堅い統計家が常に注意を払うべき幾つかの規則」として次の7カ条を挙げ，説明が加えられている。[22]

1. 統計学における数の重要性
2. 大きい数字と小さい数字の相対的価値
3. 当て推量法（gissings-methode）と推量法（benaderings-methode）の価値
4. 推定法（inductie-methode）と推論法（afgeleide-methode）の価値
5. （比率等への）換算の利用
6. 平均の重要性
7. 安定的現象と変動的現象の重要性

フィセリングが統計学的研究において数量的方法に目を向け始める前提は，なによりも１．の「統計学における数の重要性」の認識にある。しかしここでも彼はまず，例えばある民族の道徳的知的発展のように数字では表せないものないし数字が第二次的な位置しか占めないものをも統計学的研究は対象とすべきである，と言う。しかし「にもかかわらず，統計学的研究で数字は常に主要成分を構成する。」なぜなら，数字による具体的知識は多様な解釈を許さぬ同一概念をもたらすものであり，またそれらが集計表示されたものは明確な推論と因果法則の発見を容易にするからである。

　このような前提で示されたものであるから残る６項目は総て数量的方法のように見えるが，必ずしもそうではない。例えば「当て推量法」は，非文明国の人口に関して全く根拠なしに推量したりするものであり，それを多少とも観察や経験を基に推量するのが「推量法」であるとされる。そしてその利用，特に前者の利用が強く戒められている。また，ある年の食肉消費税納税総額と食肉１ポンド当たり税額から当該年の食肉消費総量を導出するのが「推定法」，またある年のセンサス人口にその後１年間の出生数，移入者数を加え，死亡数と移出者数を差し引いて１年後の人口を求めるのが「推論法」であるが，この方法の利用は適切な場合にのみ有効だとされる。「換算法」は，分類集計された統計資料を項目間比率や項目別構成比等で観察する統計資料の算術的加工法である。最後の「安定的現象と変動的現象の重要性」では，これら諸規則の下で統計学的研究をいかに進め，いかに因果関係の把握に至るかが論じられる。だから本来の数量的方法は，「大きい数字と小さい数字の相対的価値」及び「平均の重要性」という事になる。

　まず「大きい数字と小さい数字の相対的価値」であるが，ここでフィセリングが取り上げるのはある量的調査項目に関して得られた数値の大小ではなく，観察した対象の数である。フィセリングは，ある偶然的な出来事の発生を複数回観察してその出来事の発生率を見出そうとする場合，「ある出来事の発生確率は，同じ種類の出来事の観察数の平方根に比例して増大する」と述べ，それにケトレーの『確率書簡』の参照注をつけている。ケトレーはその個所で「結果の精度（précision des résultats）は観察数の平方根に比例して増大する」と記しているが，これはケトレーの表現の方が正しい。[23]

次に「平均の重要性」である。ここでの平均は算術平均であるが，彼はその目的ないし役割として二つを挙げる。一つは，変動する個別現象の全体像を示してくれる事である。例えば，取引ごとに価格が変動するある農産物の市場で，日々の平均価格は短期的な変動を，年々の平均価格は長期的な変動を示してくれる。二つは，単なる全体像だけではなく偶然的・例外的ではない正常で一般的な状況を示してくれる事である。例えば土地の肥沃度を見ようとする時は，ある年の反収ではなくある期間の平均反収で比較すべきである。続けて彼は平均を利用する際の注意点として，次の三点を挙げる。まず，例外的事例の影響を薄めるために，平均を求める事例数はできるだけ多い方がよい事である。第二に，全体像が例えば地理的時間的に特別な傾向を持っているような場合，その全体の平均は誤った全体像をもたらす危険がある。だから短い区間で区切って平均を求め，その平均値の連続を観察する方がよい。第三に，個々の値の平均からの偏りが大きくばらついている時は，それが小さい時よりも平均の信頼性は薄いと見るべきである。

最後の「安定的現象と変動的現象の重要性」でフィセリングは，まず，大きな変動を示す現象に平均等の諸規則を適用してそこから変動の少ない安定的な現象を導出し，さらに確認された幾つかの安定的現象の相互比較から因果関係の把握に進むべきだ，とする。他方，変動的現象でも周期性が見出される場合には，因果関係を直接把握できる可能性があるとして，ある地域の月別死亡総数に伝染病，災害等による月別死亡数を対比させて，その地域での季節別健康条件と季節別死亡数との因果関係を把握するという例を挙げる。

以上がフィセリングの言う統計家の守るべき規則である。ここで，算術平均を始めとする数量的方法が，統計資料の加工・利用で初めて正面に出てきている。もちろん不十分な形であり，形式的な数式の展開よりも対象の内容との実質的関連がより重視される場合が多い。その底には，政治的な経済問題に則した社会現象の把握と政策提示という目的のもとでは，統計学的研究にとどまってはならず，人間の社会生活を支配する因果関係の解明にまで進むべきだとするフィセリングの方法論がある。この方法論では，算術平均等の数理的方法を数量的資料に適用しその限りで得られた結論にとどまるという事はありえず，数量的方法の適用は限界を持つ事になる。

次に第3部統計学的研究の課題である。ここで挙げられるのは，国土の状況，国民の状況，国富とその源泉，国家制度と政治的状況の四つである。国土，国民，そして国家制度と政治的状況と並べると国状学の束縛を見るようであるが，国富とその源泉は古典派経済学に通暁したフィセリングならではの問題提起である。そこでは項目として，国民の富の源泉，内容，分配が取り上げられており，さらに源泉の個所でストックとフローの区別に関わる記述も見られる。一方，国土の状態ではその社会的状態に十分ふれていないという問題があるが，国民の状況では，人口の構成と変動及びそれらと国土の状態との因果関係，身体能力や健康状態及びそれらと生活様式や自然環境との因果関係，文明国・半文明国・非文明国に分けて見る知的道徳的発展と極めて多面的である。最後の国家制度と政治的状況も項目の羅列にとどまっているが，国家の諸権力の相互関係，君主権の範囲，人民の参政権等が挙げられており，議会主導の憲法改正で1848年の危機を切り抜けたオランダの政治状況の反映が見られ，国状学的国家把握の枠からは抜け出ている。[24]

このようにフィセリングの統計学（後期）は，その枠組み等に大学派統計学の名残りを残しているが，その対象と方法でかなり大きな変化が見られるようになっている。

VI 結　び

以上，ライデン大学で大学派統計学を継承したフィセリングが，いかにその国状学的伝統から抜け出てきたかを見てきた。スタムホイスは，クルイト，フィセリングの次にボーヨンを置き，この三者の流れにおいて大学派統計学は成立し解体していったと述べている。因みにボーヨンは，1884年，オランダ統計協会に統計研究所が付設された時にその所長となり，続いてアムステルダム市立大学の統計学講座教授となったが，1890年に死去した。彼は，統計学の本流は政治算術からケトレーへの流れだとし，経済学ではワルラスの純粋経済学を重視した結果，統計学は経済学の補助科学たり得ないとした。[25]

この三者の流れの中でフィセリングの統計学（後期）を捉えようとする時，

第8章 シモン・フィセリングの統計学　163

目を向けざるを得ないのが「1877/78年講義録」の開講の辞に出てくる次の一文である。「統計学は，法令によって法学部の設置科目になっているが，その現代的性格から言えば哲学部や文学部においてより相応しい科目となっている。」これだけを読むと，統計学を国状学からそして経済学からも切り離すべきだ，という主張のように聞こえる。しかし彼はこれに続けて「法学部の学生と並んで，他の諸学部の学生達もまた（統計学に）興味を持ってくれる事を望む。」と述べている。そして，医学者，衛生学者は，病気の病因やそれによる死亡の可能性，伝染病の発生・伝播等を観察するための方法として，宗教学者は人間の心の奥に潜む動機を捉え，社会倫理に通暁するための方法として，文学者や歴史学者は歴史上の出来事を解明し評価するための方法として，統計学を学ぶ必要がある，と念を押している[26]。これからフィセリングの主張は，統計学を政治経済から切り離そうとするものというより，統計学は人間の心と身体がその社会に関わる分野の多くの学問でその補助科学たり得るというものとして理解すべきである。事実，上記の文章の2頁前には，統計学の研究・教育の課題の例として，次の項目が挙げられている。1．人口を動態で観察する。2．国家の富の構成と源泉を捉える。3．犯罪統計からその種類，傾向を国民の努力との関係で捉える。4．国家財政を，税金の体系と用途，国家債務の関係で捉える[27]。

　こうして，彼の後期の統計学では，統計資料の加工・利用が目指す「終着駅」に，政治・経済に関わる社会問題だけでなく，人間の健康と疾病に関わる社会問題の科学即ち社会疫学が追加される可能性が加わった。それだけではない。上記の3．で犯罪統計での犯罪の種類と傾向を国民の努力との対比で捉える，としている点に注目したい。フィセリングは「1877/78年講義録」の開講の辞で，ゲッチンゲン学派を後退させた「新しい傾向」の中でのケトレーの役割を高く評価したが，しかし，ケトレーが人間の知的道徳的側面をも自然法則的に捉える点には賛成しなかった。これには彼の宗教と信仰の問題もあろうが，更に自由意思の問題が関わっている。彼はケトレー礼賛に続けて「若い世代が，……社会物理学の代わりに社会倫理学をこの科学研究の目標としたとしても，それは決して彼の名声を小さくする事にはならないであろう。」と書いた[28]。この社会倫理学は，その根源に自由意思を持つ人間が，利己心を隣人愛で

止揚して形成する社会の成立発展を因果法則的に捉える学問である，と見てよい。フィセリングは，統計学の終着駅に，政治経済や健康疾病に関わる社会問題だけでなく，人間の行動倫理に関わる社会問題をも加えようとしていた，と考えられる。これらは，彼の統計学の社会統計学への前進に連なるものと見る事ができるであろう。

注
(1) オランダの政治算術については，本書第4～7章参照。なお，ケルセボームの主著は『ホラント・西フリースラント州の人口総数推計に関する3論文を含む政治算術試論』(1748) である。
(2) Horvath, R.A. (1978) pp.33-41. なおハンガリーのセゲード大学教授であったホルヴァートは，故松川七郎会員の紹介で経済統計学会『統計学』21号 (1970) に論文 "300 Years Anniversary of the Birth of De Moivre" を寄稿している。
(3) Vissering, S.(1877), Stamhuis, Ida. H.(1989).
(4) オランダは，1806年ナポレオンの弟ルイを国王に戴く王国になった。
(5) Vissering, S.(1877) pp.104-105, 引用は104頁。
(6) ibid. p.108.
(7) ibid. pp.108-109. なおここに出てくるアッカースデイクとファン・リースは，それぞれ1831～61年，1861～68年の間，ユトレヒト大学で統計学，経済学等の担当教授を務めた。両名共，アダム・スミスの経済学と自由主義思想の強い影響下にあった。なおフィセリングは，1840年代前半から統計学の研究に新しい傾向が表れたと述べるが，後述するように，1860年代までの彼の統計学にはその十分な影響が見られない。
(8) フィセリングの生涯や業績いついては，渡辺与五郎 (1985) 参照。
(9) トルベッケの法思想については，大久保健晴 (2010) 第1章参照。なお本書は，幕末にオランダから受容した法学・政治学・経済学・統計学等が明治期の政治思想や政治社会に及ぼした影響を明らかにしようとした好著であり，筆者はフィセリングの統計学について本書から多くの知見を得た。
(10) Vissering, S.(1850) 参照。
(11) ibid. p.166.
(12) Vissering, S.(1849), Vissering, S.(1877), Vissering, S.(1859/60), Vissering, S.(1863/65), Vissering, S.(1875), Vissering, S.(1877/78) 等参照。
(13) Vissering, S.(1849) p.111.
(14) ibid. p.113.
(15) Vissering, S.(1863/65) p.137, Vissering, S.(1859/60). p.2.

(16) Vissering, S.(1863/65) pp.139-143.
(17) *ibid.* pp.149-156.
(18) *ibid.* pp.157-159.
(19) Vissering, S.(1875) p.3.
(20) *ibid.* p.4. ただし，第1段階は指示統計または個別統計（aantoonenede of individueele statistiek）と呼ばれている。
(21) Vissering, S.(1877/78) pp.1-7, Vissering, S.(1875) pp.6-8.
(22) Vissering, S.(1875) pp.8-20.
(23) Vissering, S.(1877) p.10, Quetelet, A.(1846) p.56. この点は，推測統計の母比率推定で見ると分りやすい。母比率推定の精度を信頼水準一定のもとでの信頼区間の逆数とすれば，観察数が大の時，精度は近似的に観察数の平方根に比例して増大する。
(24) Vissering, S.(1877) pp.20-28.
(25) 大学派統計学に関するスタムホィスの見解は，Stamhuis, Ida. H.(1989) DEEL Ⅲを，またボーヨンについては *ibid.* pp.165-175を参照。
(26) Vissering, S.(1877) p.119.
(27) *ibid.* p.117.
(28) *ibid.* p.115.

参考文献
① 大久保健晴（2010）『近代日本の政治構想とオランダ』東京大学出版会。
② シモン・ヒッセリング著，津田真道訳（1925）「表紀提綱」『統計叢書　第一輯』統計学社。
③ 日蘭学会編，大久保利謙編著（1982）『幕末和蘭留学関係資料集成』雄松堂。
④ 渡辺与五郎（1985）『シモン・フィッセリング研究』文化書房博文社。
⑤ Horvath, R.A.(1978) The contribution of Netherlands thinking to the formation of statistics as an autonomous discipline. In, Horvath, *Essays in the History of Political Arithmetics and Smithianism*, Szeged. 1978.
⑥ Stamhuis, Ida.H.(1989) *"Cijfers en Aequeties" en "Kennis der Staatskrachten" Statistiek in Nederland in de negentiende eeuw*, Amsterdam.
⑦ Vissering, S.(1849) De Statistiek in Nederland. In, Vissering, S. *Herinneringen*. Vol. Ⅱ, Leiden, 1864.
⑧ Vissering, S.(1850) Over Vrijheid, het Grondbeginsel der Staathuishoudkunde. In, *Verzamelde Geschriften van Mr.S. Vissering*, Vol. Ⅱ, Leiden. 1889.
⑨ Vissering, S.(1859/60) De Statistiek der Vaderlands.（学生筆記の1859/60年度講義録，ライデン大学図書館所蔵）
⑩ Vissering, S.(1863/65) Grondbegrinselen der Statistiek.（フィセリングが

西周，津田真道に行った統計学の講義録で参考文献③に収録されている。なお津田によるこの邦訳が，参考文献②である。）
⑪ Vissering, S.(1875) *Handleiding tot het Statistisch Onderzoek*, Utrecht.
⑫ Vissering, S.(1877/78) Theorie der Statistiek（学生筆記の1877/78年度講義録，ライデン大学図書館所蔵）
⑬ Vissering, S.(1877) De Statistiek aan de Hoogeschool. In, *Verzamelde Geschriften van Mr.S.Vissering*, Vol.II, Leiden. 1889.
⑭ Quetelet, A.(1846) *Lettres sur la theorie der probabilites appliquée aux sciences morales et politiques*, Bruxelles.

補遺　フィセリングと幕府留学生西周，津田真道
―――その5教科講義での統計学の位置―――

1　西，津田の受講希望科目における統計学

　フィセリングは，1863～65年にかけて，幕府留学生である西周と津田真道に対し，自然法，国際法，国法，経済，統計等5教科の講義を個人的に行った。しかし，両名が当初希望した受講科目はこの5教科ではなかった。オランダ到着間もない1863年6月12日付けで西がライデン大学の受け入れ窓口であったホフマン教授に提出した書面には，受講希望科目として統計，法律，経済，政治，外交の5つが記されていたからである（最後の外交は，現代の分野領域では国際関係論に当たるであろう）。[1]これに対しフィセリングは，西，津田両名宛て7月16日付けの書面で，「貴兄らの希望を最もよく叶えるためには，国家学の原理(de beginselen van de Staatswetenschappen) に関わる次の科目を受講するのがよいだろう。」として，自然法に始まる上記5教科を挙げ，それに基づいた講義が秋から開始されたのである。[2]この5教科では，西，津田の希望5科目の筆頭にあった統計が法律系3科目と経済に続く最後に置かれている。この統計学の位置を中心に，これら5教科の体系について若干の考察を試みたい。

　まず，西の受講希望を要約すると次のようになる。日本は西欧列強と交わりを深める中でそこから種々の重要な科学・技術を学ぼうとしており，設備や教育法で不完全ながらも江戸に学校を設立したが，そこでは物理学，数学，化学，植物学，地理学等の学術と蘭，独，英，仏の4カ国語が不十分に教授されるのみである。しかし西欧列強との国際関係発展にとって，また国内の国家事項や組織体制の解決・改革にとって必要有益な学術知識がさらに多くあり，それらは統計に始まる先の5教科で学び得るのではないかと思う。しかしながらこれらの教科は日本ではよく知られていない。私たちは短い期間ではあるが，これらの教科を学びたいと思う。[3]

　ここから読み取れるのは，西，津田らがオランダで学ぼうとしたものは，19世紀に入り西欧諸国で体系化が進んだ法学，経済学等の社会諸科学の理論体系

ではなく，国際関係の発展や政治・経済・法制等に関わる国内問題の解決に必要な戦略的知識であった，と言えるであろう。実は彼らには，そこで現実の差し迫った問題を取り上げその検討だけから対策を求めるのではなく，加えて問題を取りまく実態をその背景と共に広範に把握し分析しながら解決策を探求していくという姿勢が身に付いていた。このような実証主義的姿勢を前提とし，かつ政治算術やゲッチンゲン学派を通してオランダに流入していた「スタティスティーク」に関する知識を前提としなければ，西がその受講希望科目の筆頭に統計を挙げた理由の理解は困難であろう。

2 西，津田の統計学受講希望の背景

では彼らはどのようにしてこの実証主義的精神ないし姿勢を身につけたのであろうか。最も基礎的な部分では，両名共，少年時代の儒学学習において，形而上的な「理」でもって宇宙や人生を理解しようとした朱子学を批判し，唯物論的な「気」でもって現実の社会や歴史を具体的に把握しようとした荻生徂徠の徂徠学の影響を受けた事がある[4]。さらに津山生まれの津田は，若くして江戸に上って郷土出身の洋学の大家箕作阮甫を通して洋学に接し，それを学び始めている[5]。しかし，両名に大きな影響を及ぼしたのは，1853（嘉永6）年のペリー来航であった。これを機に幕府は洋学所を設立したが（1855年，なお翌年蕃書調所と改称），津田は蕃書調所の教授となった箕作阮甫の下で蕃書調所教授手伝並に採用された（1857年）[6]。一方1854年に脱藩を敢行した西は，杉田成卿，手塚律蔵らに師事して洋学を学んだが，同じく1857年に洋学の師の推薦で蕃書調所教授手伝並に採用される。この蕃書調所で両名は，ペリーの開国要求の背景にある西欧列強の政治経済の実情やそこでの学問について本格的に学び始めるのである。

この蕃書調所は当初西欧の科学，技術の導入，自然科学の基礎の教育を目指すものであったが，この両名に続いて後の東京大学初代総理加藤弘之（法学者），わが国統計学の祖，杉亨二らがメンバーに加わるに従い（1860年），社会や政治経済の研究も本格化する。加藤は後に，自分は西洋の軍学や砲術の勉強をするつもりだったが，蕃書調所には世間には無い哲学，社会学，道徳学，政治学，法律学等初めて見る本があり，それを読むとなかなかおもしろいので，

私の思想が変わってきた，と回想している。また杉はここで，読み書き能力別の人数を示した1855年か56年かのバイエルンの教育統計を見て，「斯う云ふ調は日本にも入用な者であらうと云ふことを深く感じた，是れが余のスタチスチックに考を起した種子になったのである」と書いている。また続けて，オランダから1860年と1861年の統計書が渡ってきたのでそれを見たら，出生・死亡や婚姻・離縁，更に人口移動から種類別犯罪人数までが数字で出ており，「これは世の中のことの分かる，面白い者だと思って，自宅へ持ち帰つて丁寧に読ん（だ。）」そして帰国した西，津田両氏からスタチスチックの話を聞き，またその本を見て，「（スタチスチックに）益々深入りした。」と書いている。このような蕃書調所の学問的状況のなかで西，津田らも，政治経済を始めとする社会問題の把握とその解決策の探求にとってはなによりも広範正確な実情把握が前提として必要である事，そしてそのための有力な方法に「スタティスティーク」がある事を知って，フィセリングの受講希望の筆頭に「統計」を挙げた，と見る事ができるであろう。

3　フィセリングの5教科講義での統計学

以上のような背景の下で提出されたと見られる西らの受講希望の5教科であったが，ではフィセリングはどうしてそれを受け容れず，自然法，国法，国際法の法学3教科を基本とし，それに経済と統計を加えた5教科を教授しようとしたのであろうか。これはなかなか難しい問題であるが，筆者は，幕藩体制弱体化のもとで起きた国際的・国内的な政治経済的諸問題への対応策であった西，津田らの問題意識に対し，フィセリングは，共和制や立憲君主制などの封建制に対する新しい政治体制とその法的基礎を学ばせようとしたのではないか，と考える。そしてそれは，法体系の基盤である自然法に基づき，国法と国際法が展開されるという形をとる。

フィセリングの国法論では，法による国民の権利・義務を述べた後，これらの権利・義務を維持する理想的制度として立憲君主制が示される。ライデン大学でのフィセリングの師であり国会議員も兼ねていたトルベッケ教授の主宰のもとで1848年に憲法が改正されたが，その基本はこの立憲君主制であった。従ってフィセリングの国法論にはこの新憲法と重なるものがあった。

法制史の大家であったトルベッケは，法体系は全ての人間に共有される理性や確信に基づくものであってその基本には超歴史的な自然法があるとする啓蒙主義的合理主義を退けた。一方で，有機体的な民族の理念に基づく法体系を目指すべきだとしたドイツ流の歴史法学をも排した。そして，自然法の理念が歴史的に展開されていく中で，個々の国家，国民の状況をふまえながら法体系の変革を目指していくべきだ，という立場を取った。フィセリングの国法論もこれと軌を一にするものであった。

　国際法においても同様な展開が見られる。西らの受講希望にあった「外交」即ち国際関係は古来「力こそ正義なり」であったが，国際関係が成熟していく中で，互いに主権国家と認め合う関係が熟していき，そこに国際法の基盤が生ずる，というとらえ方である。

　このように，フィセリングは歴史化された自然法を基礎において国法，国際法の講義を行った。これは，社会諸科学の理論体系よりも国際関係や国内問題の打開のための戦略的知識を求めた西，津田らの留学意図と反するように見える。しかし理論体系の成立と展開の前提に国家や国民をめぐる歴史的条件とその変化が置かれている点で，両者の折衷と見る事も出来る。

　問題は，法学系3教科と経済・統計2教科との関連である。これに関し，フィセリングが経済における自由競争を重視しながら一方で利己心と隣人愛との共同作用をも強調している点に注目して，そこに内的関連をとらえようとする見方もあるが，1860年前後の彼の「統計学」が大学派統計学からあまり離れていなかった事，また，その統計利用が経済分析・経済政策と深く結びついており，50年代の「統計学は経済学の補助科学だ」とする見方からまだ抜け切れていなかった事から見ても，この経済・統計の2教科が法学系3教科とは独立に取り上げられたと見る事が出来るのではないだろうか。

注
(1) 日蘭学会編・大久保利謙編著（1982）蘭文編，176-178頁。
(2) 同上書，180-181頁。
(3) 同上書，177頁。
(4) 小泉仰（1989）第1章，大久保利謙編（1997）9-12頁。
(5) 治郎丸憲三（1970）16-20頁。

(6) 西のホフマン教授宛て受講希望の書面にある「江戸に設立された学校」とは，この蕃書調所を指す。
(7) 大久保利謙編 (1997) 7頁。
(8) 杉亨二 (2005) 41-43頁。
(9) 以下，フィセリングによる法学系3教科の講義内容については，大久保健晴 (2010) によるところが大きい。但し，文責は筆者に帰すものである。

参考文献
① 日蘭学会編・大久保利謙編著 (1982)『幕末和蘭留学関係資料集成』雄松堂。
② 大久保利謙編 (1997)『津田真道―研究と伝記―』みすず書房。
③ 大久保健晴 (2010)『近代日本の政治構想とオランダ』東京大学出版会。
④ 小泉仰 (1989)『西周と欧米思想との出会い』三嶺書房。
⑤ 治郎丸憲三 (1970)『箕作秋坪とその周辺』箕作秋坪伝記刊行会。
⑥ 杉亨二 (2005)『杉亨二自叙伝』(完全復刻版) 日本統計協会。
⑦ 清水多吉 (2010)『西周』ミネルヴァ書房。

付　論
スピノザ『チャンスの計算』について

I　はじめに

　周知のように，近代哲学史上のスピノザは，デカルト，ライプニッツと並んで，イギリス経験論に対立する大陸派合理主義の創始者の一人とされる。彼は，汎神論的世界観を基礎にしつつ機械論的決定論を人間の精神界にまで徹底させ，神・自然・人間を貫く論理的体系を定義・公理・定理からなる「幾何学的秩序」としてあらわそうとした。だから，もっとも極端な合理主義者とされる場合が多い。

　しかし，彼は理性万能という意味での合理論にはけっしてとどまらない。その死後一世紀以上も無神論者として抹殺され忘却されてきたスピノザの哲学は，18世紀後半以降，ドイツにおいて奇跡的な復活をとげるが，それは，ゲーテの人間観やヘーゲルの哲学に大きな影響を与えただけでなく，唯物論哲学の形成にも与って力あった，といわれる。それだけではない。20世紀に入ると，その70年代以降，構造主義やポストモダンの立場からも評価されるようになっている。

　これらの事実は，スピノザがたんなる理性万能の機械論的決定論者ではなく，その哲学は，精神に対する肉体，理性に対する感性，本質や実体に対する個体，そして必然に対する偶然の意義を十分に位置づけたものであることを示唆している。とくに必然性と偶然性は，彼の体系のなかでもっとも重要なカテゴリーの一つであるが，それは，『エティカ』からの次の引用が示すように，表面的に見るかぎり「矛盾」した形をとっている。[1]

　「(第1部) 定理29　自然の中には何一つ偶然的なものは存在しない，いっさ

いは神の本性の必然性から一定の仕方で存在や作用へと決定されている。」
「(第2部)定理31系　この帰結として,すべての個物は,偶然的で可滅的であるということになる。」

一方スピノザは,偶然性を数学の形式性でとらえた「確率」でもって偶然を把握することに対しても大きな関心を示した。その一つは,友人のファン・デル・メールと交わした確率計算に関する書簡であり,現在,スピノザからの返信のみが『スピノザ往復書簡集』に収められている。(2) もう一つは,『虹に関する代数的計算』という論文とともに,スピノザが執筆していたことは知られていながら,その死後180年以上も埋もれるという数奇な運命をたどった小論文『チャンスの計算』である。

しかし一般のスピノザ研究においては,これらが取り上げられ十分に検討されることはあまり多くない。とくに日本の場合,ほとんどないように見える。たとえば手許の包括的なスピノザ解説を見ても,1656年のユダヤ教会破門後,スピノザがデカルトの影響のもとで自然科学の研究に向かったこと,そして「数学についても虹の計算や確率論に貢献している」こと等が指摘されているが,一方年譜では,彼の死の前々年である1675年に,『虹に関する論文』,『チャンスの計算』が書かれたとされている。(3) 後述するように,両論文の執筆時期は内容との関連で重要であるにもかかわらず,十分に検討されたようには見えない。

筆者は,かねてからこの『チャンスの計算』をはじめとするスピノザの確率研究に関心をもってきた。その関心のよって来たるところは,スピノザの哲学における確率研究の意義ということもさることながら,むしろ統計学史の一環としての確率論史におけるスピノザの位置づけにあった。

のちにやや詳しくのべるように,それまで天罰や恩寵と結びつけられてきた人間をめぐる偶然を神の手から解き放し,人間の手で「計算」しようとしはじめたのは,十字軍以降の地中海貿易のなかで発展してきた北イタリア都市国家においてであるが,それは,17世紀中葉,イギリス経験論の認識論に基づいたグラント＝ペティら政治算術派の経験的(統計的)確率と,大陸派合理主義を認識論的基礎とするパスカル＝フェルマーらフランス確率論派の先験的(数学的)確率とに分かれて,確率概念の形成へとすすんでいった。現在に至るもな

お一方が他を理論的に克服したとはいい切れないこの対立に関し，オランダのホイヘンスによるチャンスの価格，ホイヘンスを継承したヤコブ・ベルヌーイによる大数の（弱）法則，ナントの勅令撤廃後イングランドに逃れたユグノーのド・モァヴルによる正規分布の発見等は，ある意味で両者を橋渡しする，すなわちドーバー海峡に理論的な橋をかける試みであった，と見ることができよう（それらはいずれも成功しなかったが）[4]。

筆者は初期の確率論の形成をこのようなシェーマでとらえていたが，もしそれが正しいとすれば，スピノザの確率研究はその流れのなかのどこに位置しているのであろうか。これが筆者の本来の関心であった。しかし，その基礎的素養を欠いていた筆者にとって，スピノザは容易に接近しうる相手ではなく，ただ遠くから望むのみであった。ところが，スピノザの確率研究に関して重要な一冊の文献を入手した。ペトリ（M. J. Petry, ロッテルダムのエラスムス大学の哲学史教授）による"*SPINOZA's Algebraic Calculation of the Rainbow & Calculation of Chances*"（1985）である[5]。この文献によって，筆者はようやくスピノザの確率論と本格的に取り組むことができるようになった。それを手がかりとしながら，スピノザの確率研究を確率論の形成史のなかに位置づけること，合わせてスピノザの哲学における偶然性や確率の意義について考察をすすめること，これらがこの付論の狙いである。

II　スピノザの確率研究

既述したように，スピノザの確率研究の成果は，『スピノザ往復書簡集』に収められたファン・デル・メールへの返信（以後『確率書簡』と略称する），および小論文『チャンスの計算』として残されている。

ライデンの貴族の家に生まれたファン・デル・メール（1639〜1686）は，市の要職を歴任した父の死（1654）のあと，家業の金融・生命保険を継いだ。彼は，オラニェ公を中心とする都市貴族派に対抗した議会派の政治家としてスピノザが熱烈に支持したデ・ウィットとも，生命保険に関して交信している。だから，スピノザとの交信も家業とのかかわりであったことは，十分に予想され

る。

　この『確率書簡』の日付は1666年10月1日である。そしてオランダでは，1657年に，確率計算のテーマで刊行された世界最初の著作であり，17世紀を通してこの分野での標準的テキストとして利用されたホイヘンスの『運まかせゲームの計算』が，彼の師スホーテン編『数学演習』の一部の形であらわれ，1660年にはそのオランダ語版も刊行されている。1663年には，カルダン（カルダーノ）の全集がその死後87年ののちにアムステルダムで刊行されたが，その第1巻で，確率計算に関して世界ではじめて書かれた著作である『サイコロ遊び』が公表された。このような状況のなか，1660年代半ばにかけてスピノザの自然科学と数学の研究も確率研究の分野へ拡延されていった，と考えられる。だから，家業との関わり合いで出されたファン・デル・メールの質問に対して，スピノザは熱心な回答を寄せたのであろう。ただし，スピノザが確率計算とはいえビジネスをめぐる問題に対しても真面目に対応したことは注目に値しよう。

　次は，論文『チャンスの計算』である。これは，スピノザの死の直後に刊行された遺稿集の序文に「遺稿はほぼ完全に収録されたが，ただ一つの例外は『虹に関する論文』であり，もし著者によって焼却されていなかったとしたら，誰かの手に残されているかもしれない」と書かれた『虹に関する代数的計算』とともに，1687年ハーグで刊行された。しかし，匿名であり印刷部数も少なく，かつそのころまでにスピノザへの関心が後退していたため，スピノザの著作だということは知られぬまま，歴史の闇のなかに埋もれていったのである。

　その後1860年になって，『虹に関する代数的計算』だけが出てきた。発見しスピノザの著作と同定したのは，同じように埋もれていたスピノザ『神，人間及び人間の幸福に関する短論文』を発掘したアムステルダムの書籍商フレデリック・ミューラーである。間もなく『チャンスの計算』との合本がハーグの王立図書館で発見され，考証の結果，元来両者は一冊の形で刊行されたものであることも明らかにされた。問題は，それらがいつごろスピノザによって執筆されたかであり，まただれによってそれらの原稿は所持され，1687年に至って刊行されることになったかである。以下，ペトリの考証にしたがいつつ，この問題の考察をすすめたい。

　1687年にハーグで刊行された『虹に関する代数的計算』，『チャンスの計算』

付論　スピノザ『チャンスの計算』について　177

には「読者へ」という序文が付せられているが、そこでは、ホレース（ホラティウス）をわざと誤って引用した上、これら両論文は最初に執筆されてから10年以上も温められてきたものである、とのべている。これは、暗に10年前に死んだスピノザが著者であることを示そうとしたものと考えられるが、この一行のため、その後、スピノザが両論文を書いたのはその死の直前、おそらく1675年ごろであろうと一般にみなされるようになった。

　しかしペトリは、それは誤りであって執筆の時期はもっと古く、1660年代半ばにちがいないとのべる。その理由としてペトリがあげるのは、もしスピノザが『虹に関する代数的計算』を1670年代半ばに書いたとしたら、粒子としての光の直進、反射、屈折にとどまった光学理論、およびそれを数学的にとらえる手法としての解折幾何学——要するにデカルト流の自然科学の理論と方法で虹の現象をとらえようとしたこの論文が、光学に関する実験と理論の進歩から見てあまりにも時代遅れになってしまっていたことである。

　スピノザは、1660年代半ば、ロンドン王立協会の事務局長オルデンブルクを介し屈折望遠鏡の発明者であるグレゴリーの『光学の進歩』(1663)を入手するが、デカルトの水準からしても劣っていたこの著作がデカルトの理論と方法で虹の現象を説明する試みにスピノザを向けさせた、と考えられる。しかし、17世紀半ば以降、光学はデカルトの水準を飛躍的に越えて発展する。グリマルディによる回折と干渉の発見(1660)、ニュートンの分散に関する実験(1666～67)、ホイヘンスの波動説(1673～78)等がその代表である。その結果、光学におけるデカルトの権威は急速に失われ、そこでの数学も（ペトリ流にいうと）絶対的に明晰な存在論的なものから多様な実験結果を整合的にとらえるための方法へと転換していく。

　スピノザは、光学におけるこのような発展を知っており、また友人の忠告もあって、せっかく書いた『虹に関する代数的計算』を篋底（きょうてい）に秘めることになった——これが、ペトリがこの論文の書かれた時期を1660年代半ばとする根拠である。さらに彼は、既述したような時代的背景から、スピノザが確率研究にその関心を集中させたのは1660年代半ばであり、この点からも執筆をこのころとする考えは補強される、とする。

　次は、「虹」と「チャンス」の計算に関する両論文の原稿を1687年まで保持

し刊行した者（以下「刊行者」とよぶ）の推定である。ペトリは，1687年に刊行されたもののなかから，両論文の原文の部分と刊行者によって付加された部分とをまず区別し，その内容を検討した結果，(イ)序文でフッデ，ホイヘンス，デ・ウィットらにふれていることから見ても，スピノザのたんなる友人であるだけではなく，スピノザの交流の範囲や両論文執筆の背景を知悉している人物であること，(ロ)しかし，両論文の執筆時期等から見て，スピノザとの交流期間は1663〜67年にかけてであり，とくに70年以降は交流がとだえてしまった，そして刊行時においてスピノザの書であることを秘そうとしている（秘さねばならない）人物であること，と刊行者の条件を推定する。この条件に合致する人間はファン・デル・メールしかいない——これがペトリの結論である。

　既述のように，1660年代半ばごろ，スピノザやデ・ウィットと学問的交流のあったファン・デル・メールであるが，1672年の暴徒によるデ・ウィット虐殺のあと，デ・ウィットやスピノザらとの学問的交流，思想的共鳴を隠さざるをえなくなる。それは，デ・ウィット時代に引き続いてオラニェ公支配のもとでも，彼は政府の徴税役を勤めていたからであり，また，オラニェ公ウイレムIIIがスピノザやデカルトの思想を反体制的として弾圧しはじめたからである。ファン・デル・メールは，スピノザの友人たちからも遠ざかった。そのため，スピノザの死後，友人たちの遺稿収集の努力も，ファン・デル・メールがかつてスピノザから入手し秘匿していた両論文の原稿にまでは届かなかった，と考えられる。

　しかし，1680年代に入るとこの思想弾圧はゆるみ，大学でもデカルト流の「数理物理学」の復活が見られるようになった。そのなかで，ファン・デル・メールは，この両論文の刊行を意図した。その目的は，彼の息子をはじめとする上流階級の子弟の家庭内教育のための教材としてであろう，とペトリは推測している。ところが，刊行の準備をはじめた1686年に，ファン・デル・メールは死んでしまう。その遺志を継いで刊行したのは，彼の妻であり，そのため，1687年の刊行物には，粗末な編集の結果としか考えられない誤植がたくさん見出される。

　以上，スピノザによる『チャンスの計算』は『虹に関する代数的計算』とともに1660年代半ばに執筆され，『確率書簡』の相手であるファン・デル・メー

ル（夫妻）によって刊行された，というペトリの推論を見てきた。見られる通り，執筆時期と刊行者の推論は，相互に深く結びついている。また，その推論過程は一次資料に基づく直接的論証というよりも，間接的な状況証拠に基づく部分が多く，それを確実なものとするためには今後さらに多くの補強が必要であろう。しかし，ここではいちおう説得的であるペトリの推論を前提にしながら，この付論が担う課題にすすむことにしたい。

Ⅲ　スピノザ『確率書簡』について

　ここで，スピノザの確率研究の成果である『確率書簡』と『チャンスの計算』の内容について，そのあらましを見ておこう。まず『確率書簡』である。
　この書簡は，ファン・デル・メールに対し，「私はこの田舎で孤独に暮している間，あなたがいつか出された問題を考えてみました。そして，それがきわめて単純なものであることがわかりました。」という書き出しではじまる。[11] ファン・デル・メールの出した問題が，具体的にどのような形のものであったかは，往信が失われている現在知ることはできない。ただ，スピノザの返信の末尾の結論部分が，「その結果，ある人が，1/6 の見込みの勝負に関し，1 人の相手に5回試みさせようとも，5人の相手にそれぞれ1回ずつ試みさせようとも，全賭金の6分の1を出し，勝ったときは実質的に全賭金の6分の5をえるという賭けとしては，まったく同等だということになります。これがあなたの質問の趣旨でした。」となっているところから，問題の形を推測することはできる。[12]
　この問題を解くためにスピノザが利用したものは，ホイヘンスに依拠したところの「チャンスの価格」概念であった。それは，先に示した「書き出し」に続く次の文章からよみとることでできる。
　「その一般的な証明は，運まかせゲームで彼が勝つか敗けるかするチャンスを相手のチャンスと同等にするようなプレーヤーが公正である，ということに基づいています。その（チャンスの）同等性は，勝敗の見込みと双方が賭ける金額とによって決まります。すなわち，勝つ見込みが双方等しいときは，それ

それ同額を賭けなければなりませんが，その見込みが等しくないときは，より大きい見込みをもつ方がそれに相応したより大きい金額を賭けなければなりません。その場合，双方のチャンスは等しくなり，ゲームは公正になります。たとえばAとBのゲームにおいて，Aの勝ちと負けの見込みが2対1のとき，Aはその見込みに相応したより多額を，すなわちBの2倍の金額を賭けなければならないことは明らかです。」[13]

ここでいう「チャンスの同等性」は，ホイヘンスがその『運まかせゲームの計算』の冒頭で示した「チャンスの価格」と深く関わっている，というよりも同じものである。

「ゲームにおいて，ある人があるものを得るチャンスは一つの価格をもっている。それは，もし彼がこの価格を所有しておれば，公正なゲーム，すなわちだれも不利ではないようなゲームによって，そのチャンスを確保できるようなものである。たとえば，ある人が一方の手に3エキュー他方に7エキューを隠しもち，選んだ方の金額を与えるといったとき，それは私にとって確実に5エキューをもっていることと同じ価格がある，ということになる。」[14]

この「チャンスの価格」こそホイヘンスがはじめて確率論に導入した概念であり，後述するように，サイコロ投げのようなギャンブルを母胎に生まれた「チャンスの計算」を人口現象等の社会的偶然に適用するための装置となるものであった。だから，この引用部分を「ホイヘンスの原理」とよぶときがある。『運まかせゲームの計算』は，14個の命題とその解答の列挙を主内容としているが，それらはすべてこの「ホイヘンスの原理」の応用問題である。

スピノザも，チャンスの価格を用いながら，ファン・デル・メールの質問に答える。まず，n人が等しいチャンスのゲームを行っているとする。たとえば，A，B，Cの3人が等額の賭金aを出し，勝った者が全賭金をえるゲーム（ただし勝つ見込みは同等）の場合である。ここで，チャンスの価格は，A，B，Cとも$(1/3) \times 3a = a$である。「もしこの3人のうちの1人，たとえばCがゲームをはじめるまえに脱退するとすれば，彼はその賭金を取り戻しうること，そして，もしBがCのチャンスを買いとってCの代わりをするとすれば，BはCの分まで賭金を出さねばならないことは明らかです。これに対しAは反対できません。」[15] なぜなら，そこでAとBのチャンスの価格はそれぞれ$(1/3) \times 3a$

付論　スピノザ『チャンスの計算』について　181

= a, (2/3)×3a = 2a であるが，その分を賭金として拠出しているからネットのチャンスの価格は同等になる。これは，6人が参加する同じようなゲームで，A以外の5人分をあるBがまとめ，その賭金を拠出する場合も同様であり，Aは全賭金の1/6を拠出し，1/6の大きさのチャンスで全賭金（実質的にはその5/6）を手にしうる。

　ここでスピノザは一転し，手に隠しもった数字を相手に当てさせるゲーム（ホイヘンスも同種の問題を例に用いた）に移る。たとえば4個の数字から一つを当てさせる，そして当たればaを与え，当たらないときはa/3を払わせる，とする。ここでチャンスの価格は，当てる方，当てさせる方双方ともa/4であって同等である。次にスピノザは，同じ相手に続けて当てさせる場合を考える。「また彼が，相手に4個の数字の一つを3回だけ当てさせ，当たれば一定の金額を与え，当たらなければその3倍の金額を払わせる場合，……チャンスは同等です。一般化していえば，次のようになります。いくつかの数字のなかから一つを当てさせる勝負で，相手に好きな回数だけ続けて試みさせるとします。その代わり当てる人が当てる数字の数に対する試みの数の比率に対応した賭金を出すとすれば，双方のチャンスは同等になります(16)。」

　スピノザがここで一般的にのべようとしていることを確率を用いて示すと次のようになる。(イ)ある事象の生起する確率が1/nである試行をm回くり返すとき，その生起の確率はm/nになる，(ロ)そのとき，m/nに「対応した賭金を出して」その事象の生起に賭けるとすれば，その賭けは公正となる。しかし，この二点とも表現はあいまいであり，そのままでは理解しにくい。

　第一に，たとえば，4個の数字の一つを当てるゲームを2回くり返すと，当たる確率は2/4になるか，という点である。これは，最初の試みで正しい数字を当てることができず2回目の試みをするとき，もし最初と同じく白紙で4個から1個を選ぶとすれば，すなわち2回目の試行を独立に行うとすれば，2回の試行のいずれかで当たる確率は，2/4ではなく7/16である。スピノザは，2回目の試みでは最初の回に誤ってのべた数字を除いて残った3個の数字から1個を選ぶであろう，つまり，2回目の試行は独立ではない，ということを暗黙の前提としていた。そのとき，2回の試みのいずれかで当たる確率は2/4である。

　このように，4個の数字から1個を当てる賭けを，それまでの結果を考慮に

表1

試みの回数	1回 勝つ確率	1回 受け取る賭金	2回 勝つ確率	2回 受け取る賭金	3回 勝つ確率	3回 受け取る賭金	4回 勝つ確率	4回 受け取る賭金
当てる方	1/4	$(3/4)a$	2/4	$(2/4)a$	3/4	$(1/4)a$	1	―
当てさせる方	3/4	$(1/4)a$	2/4	$(2/4)a$	1/4	$(3/4)a$	0	―

入れて i 回 ($i=1, \cdots, 4$) くり返したとき，当たる確率は $i/4$ ($i=1, \cdots, 4$) になる。そこで，当てる方と当てさせる方の双方の受け取る賭金を表1のようにすると，チャンスの価格が双方等しくなることは明らかであろう（当然のことであるが，4回試みれば必ず当たることになるから，賭けとしては成立しなくなる）。スピノザのいうところの「($i/4$ に) 対応した賭金」とは，この表の当てさせる方が受け取る（当てる方が出す）賭金が $i/4$ に比例して増加することを意味している（ただし，賭金の総額 a は一定，また $i=1, \cdots, 4$ は試みの回数）。

このような推論の手続きをへたのち，スピノザは「1人の相手に5回試みさせようとも，5人の相手にそれぞれ1回ずつ試みさせようとも…，賭けとしては，まったく同等だ…。」という「結論」を『確率書簡』で与えたのである（ただしスピノザは確率の概念を使ってはいない）。しかし，筆者は，この「結論」よりも，『確率書簡』の問題がファン・デル・メールから提出されたものであること，またその解答がホイヘンスのチャンスの価格に基づいて求められていることに，より強い関心を向けざるをえない。

Ⅳ　スピノザ『チャンスの計算』について

先にのべたように，ホイヘンス『運まかせゲームの計算』はチャンスの価格に関する「ホイヘンスの原理」およびその応用である14個の命題と解答からなっている。ホイヘンスは，この14の命題に続けて，付録の形でより複雑な5つの問題を解法を示さずに掲げた。スピノザの『チャンスの計算』は，この5つのうちの第1の問題を取り上げ，それを彼独自の方法で解いたものである。[17]

のちに1713年，ヤコブ・ベルヌーイの遺稿 *Ars conjectandi*（『推論法』）が刊行されるが，その第1部は，付録の5問に対する解答をふくむホイヘンス『運まかせゲームの計算』の再録であった。ここで，ヤコブ・ベルヌーイの解法との比較において，スピノザの解法を見てみよう。まず，問題である。[19]

　「AとBが，2個のサイコロを投げるゲームを次のような条件で行う。Aは目の和で6を出せば勝ち，Bは7を出せば勝つとする。まずAが1回投げ，続けてBが2回投げ，そのあとAがふたたび2回投げる。以下，同じようにどちらかが勝つまでゲームを続けるとする。問題は，Aが勝つチャンスとBが勝つチャンスの比はいかほどかを求めることである。なお，正解は10355対12276である。」

　これをスピノザは，次のように解いた。まず最初に，デカルト『方法序説』の第2部に出てくる学問の方法の4つの規則のうち，第2のそれをここで適用すべきだ，とのべる。「分析の規則」とよばれるそれは，「問題のおのおのを，できるかぎり多くの，そうして，それらのものをよりよく解決するために求められるかぎり細かな，小部分に分割すること」というものであるが，スピノザは，これにしたがって上記の問題を次の二つの命題に分割する。[20]

　「第1命題　BとAが，2個のサイコロを投げるゲームを次のような条件で行う。Bは目の和で7を出せば勝ち，Aは6を出せば勝つとする。両者は2回ずつくり返し投げるとし，それをBからはじめるとすれば，チャンスの比はB：A＝14256：8375である。」

　「第2命題　AとBが上記の問題の形でゲームを行うとすれば，チャンスの比は，A：B＝10355：12276である。」

　第1命題に関し，スピノザは次のように解いていく。このゲームに勝てばえられる金額をaとする。ゲームそのものに関するAのチャンスの価格をxとすれば，Bのそれは$a-x$である。また，投げる順番がきたときのAのチャンスの価格はxより大きいはずであるが，それをyとする。ところで，最初に投げるBが2回の試行のどちらかで目の和7を出し賭金aをえるチャンスの数は，$36×36$通りの中で，$6×36+30×6=396$通りである。逆に失敗してAに投げる順番をまわすチャンスの数は，$30×30=900$通りであり，両者の比は，$396：900=11：25$となる。これをAの立場からいえば，36通り中25通りでyをえる

チャンスをもっているということであるが，それはBが投げようとしているときのAのチャンスの価格xでもある．すなわち，xとyは次の関係にある．

$$x = \frac{25}{36}y \tag{1}$$

一方，Aが2回の試行のいずれかで目の和6を出すチャンスの数は，$5 \times 36 + 31 \times 5 = 335$通りであり，逆に失敗してBに順番をまわすチャンスの数は，$31 \times 31 = 961$通りである．だから，Aの順番のときのAのチャンスの価格yは，1296通り中335通りで賭金aをえるか，もしくは961通りで順番をBに渡す，すなわちその価格xのチャンスを手にするか，のいずれかになる．したがって，

$$y = \frac{335}{1296}a + \frac{961}{1296}x \tag{2}$$

となる．ここで，(1)式と(2)式を連立させて解くと，このゲームそのものに関するAのチャンスの価格xとBのチャンスの価格$a-x$は

$$x = \frac{8375}{22631}a$$

$$a - x = \frac{14256}{22631}a$$

となる．すなわち，BとAのチャンスの価格は，14256：8375となる．

次に第2命題，すなわちホイヘンスの問題1である．これは，スピノザの第1命題に対し，その前に「Aが1回投げる」という試行がつけ加えられたものである．既述のようにAが1回の試行で目の和6を出して勝つチャンスの数は36通り中の5通りであり，したがって，第2命題に関するAのチャンスの価格は，5通りで賭金aをえるか，31通りでその価格$8375/22631 a$のチャンスをえるか，のいずれかからになる．すなわち，その大きさは

$$\frac{5}{36}a + \frac{31}{36} \times \frac{8375}{22631}a = \frac{10355}{22631}a$$

となり，Bのチャンスの価格

$$a - \frac{10355}{22631}a = \frac{12276}{22631}a$$

との比は，10355対12276となる．

以上が，ホイヘンスの提出した問題に対してスピノザが独力で与えた解法である。その特質は，まず最初にデカルトの「分析の規則」を援用し，より基本的な命題に分割してから解いているところに見られる。これは，スピノザがデカルトの数学や物理学の方法にもっとも強く傾斜していたころ，そしてホイヘンス『運まかせゲームの計算』が刊行されたすぐあとのころ，『チャンスの計算』は執筆されたにちがいない，とするペトリの推測を裏づけるものである。しかし，この「問題の分割」は，実はそれほど大きな意味をもっていない。のちに，ヤコブ・ベルヌーイが，スピノザと基本的に同じ方法で，しかし問題を分割せぬまま，より簡単に解いているからである。

ベルヌーイは，この問題を次のようにして解いた。[21] まず，ゲームをはじめるときのAの期待値をt，順番がBにきたときのそれをx，Bが1回試みたあとのそれをy，Bが2回の試行に失敗して順番がAにきたときのそれをzとする。なお彼は，すでに，「チャンスの価格」の代わりに「期待値」を使っている。Aは，最初の試行のまえは，確率5/36で勝って賭金aをえるか，確率31/36で期待値xをえるかのいずれかであるから

$$t = \frac{5}{36}a + \frac{31}{36}x \tag{1}$$

となる。また，最初の試行でBは確率6/36で勝つから，Aからすれば，確率30/36で期待値yをえるにすぎない。すなわち

$$x = \frac{5}{6}y \tag{2}$$

である。同様に，Bの2回目の試行に関し

$$y = \frac{5}{6}z \tag{3}$$

である。次に，Aに順番がまわってきたとき，Aは確率5/36で勝ってaをえるか，確率31/36で失敗してゲームの開始時と同じ状態（その期待値t）になるか，のいずれかである。したがって

$$z = \frac{5}{36}a + \frac{31}{36}t \tag{4}$$

である。未知数t, x, y, zの4個に対し，式(1)〜(4)を連立させて解くと

$$t = \frac{10355}{22631}a$$

となり，ゲームがはじまるときのAとBのチャンスの価値の比は，10355対12276となる。

　ヤコブ・ベルヌーイは，この問題に対する解法だけでなく，問題を一般化した上，その一般解も与えている。重要なことは，彼が，この問題の特質を，「総合的」な方法では解けず「解析的」な方法に訴えねばならない点に求めていることである。ここでヤコブ・ベルヌーイのいう「総合的方法」とは，「すべて求める期待値は他の期待値から求ま（り）……，そこでの他の期待値は既に知られているか，そうでないとしても，すぐに求められる簡単なことから計算でき……，求める期待値と関係な（い）」ようなものであり，単純な場合から複雑な場合へ段階的にすすんでいけるものである。これに対し「解析的方法」とは，(ヤコブ・ベルヌーイがホイヘンスの上記問題を解くとき，Aの期待値に関して与えた t, x, y, z のように）「これら期待値のそれぞれはすべて別のもので，未知であ（り）……，それぞれその前の期待値はそれに続く期待値と関係し，逆に後者は前者に依存する」ような場合であり，具体的には，前者と後者の関係を連立方程式の形で解かざるをえないような場合である。

　ヤコブ・ベルヌーイは，その *Ars conjectandi* にホイヘンス『運まかせゲームの計算』を再録するに際して「注釈」を付加したが，命題14に関して「ホイヘンスはいままで常に純粋に総合的に解を求めてきたのに，この問題ではじめて，やむなく解析的な方法を用いざるをえなかった」という「注釈」をつけている。そして，上記問題の解を求めるとき，「この問題は，最後の命題において示されたホイヘンスの方法によって解くことができる」とのべ，先に見たような連立方程式による解を与えたのである。

　以上見てきたところをまとめると，スピノザ『チャンスの計算』における特質は，ホイヘンスの「チャンスの価格」に依存しながらその解が求められているところにある，といえよう。さらに，デカルト流の解析的方法の利用をもつけ加えることができるであろう。

V スピノザの世界観と自然研究

　ここで，スピノザの世界観との関わりにおいて彼の自然研究を見てみよう。まず，その手がかりをペトリの所説に求めることにしたい。
　ペトリの立場は比較的単純であり，実験を起動力とする自然科学の発展を基本と見る「ベーコン主義」の立場から，スピノザの「虹」と「チャンス」に関する両論文を批判的に位置づけようとする。ペトリによれば，両論文を書いた1660年代半ばのスピノザは，「合理的な神学にとって中心的方法である幾何学は，合理的な物理学にとっても本質的には同じであり，基本的な方法である，とまだ信じていた。哲学は，神の本質を把握しうるだけでなく，見たところ偶然な事象をも絶対確実な論理学の用語で説明したり，光そのものを一連の代数式で再考察したりすることによって，自然の出来事における規則性を数学という純粋言語で正確に把握しうるものでもある(26)(と考えていた)。」このようなスピノザの思想は，「疑いもなく17世紀の思想的潮流のなかにあるが，その哲学の基本的な場をただ純粋数学にのみ求め，あらゆる経験科学との対話をかくも避けたことにより，彼があのような困難な問題をかかえ込んでしまったことは，当時としても異例である(27)。」
　スピノザのかかえ込んだ困難な問題とは，光学をはじめとする物理学の実験と理論における巨大な進歩が，1660年代半ば以降，スピノザの形而上学の絶対性をゆるがしはじめたことである。そして，「1665年以降も，実験光学の分野で起きた諸発展は，スピノザの基本的な形而上学的立場を変えさせはしなかったが，それは彼をして，『幾何学的秩序』の確実性と数理物理学のそれとを区別する，さらには数学の確実性と自然科学の偶然性との間に明確な区分をおく方向にすすませた(28)。」その上で，スピノザは，幾何学的秩序による総合的な方法を，その形而上学とともに最後まで保持したのである。
　このようなスピノザの数学観に対し，ペトリは，スピノザの少しあとのオランダで，実験物理学における進歩をふまえつつスピノザの数学的方法をはじめて批判したニューウェンティート (B. Nieuwentijt, 1654〜1718) の議

論，すなわち，スピノザは純粋数学としての展開に存在論的意義（ontological significance）を与えようとしているが，数学は経験的なものと結びついてはじめて存在論的意義をもちうるにすぎない，という議論や，抽象的な学問としての数学と数学の言葉であらわされた自然哲学（自然科学）とを厳密に区別しようとしたニュートンの数学観などを対比させている。ペトリは，デカルトの強い影響のもとでその形而上学に深く結びつきながら形成されたスピノザの数学観が，急速な自然科学の進歩とのズレのなかで生み落とした徒花こそ，「虹」と「チャンス」に関する両論文であった，と言外に仄めかしているように見える。

なるほどスピノザは，1662〜63年にかけて，オルデンブルグとの交信を介し，硝石の分析実験をめぐってロバート・ボイルと議論をしたとき，観念的な「原子」論に基づいた解釈をふりかざして自然科学における実験の意義に対する無理解を露呈した。また，スピノザが，『エティカ』第1部で，その汎神論に基づいた機械論的決定論の世界観を展開していることも，よく知られている。彼は，万物の動きがすべて神によって決定されていること（定理26），また有限な個物は無限連鎖的な決定論的関係で結合されていること（定理28）を証明し，さらに定理29で自然のなかでの偶然性の否定を，定理32ではいわゆる自由意志の否定を証明する。このような決定論的世界観だけではない。定理33の注解1では，「もの（ごと）は，われわれの認識の欠陥以外にはいかなる理由によっても偶然と言われない」とのべ，のちにラプラスが『確率の解析的理論』（1812年）で展開する不十分理由原理に基づいた偶然論を先取りしていた。

このようなスピノザの実験の意義に対する無理解や決定論的世界観を考慮に入れると，ペトリの上記の両論文に対する評価は当たっているように見える。しかし，本稿冒頭のIでものべたように，スピノザの世界観はそれほど単純ではない。主著の『エティカ』でも，形而上学を扱う第1部「神について」から認識論をテーマとする第2部「精神の本性と起源について」に移ると，一転して，身体をはじめ経験的なものに対する重視があらわれる。

まず「観念の秩序と連結は，ものの秩序と連結と同じ」だとする定理7の心身平行論（定理よりは公理とよぶべきもの）が与えられる。これを基本としながら，続けて「人間精神を構成する観念の対象は身体である」（定理13），「人間

は精神と身体から成り立ち、また人間身体は、われわれがそれを感知するとおりに存在する」(同定理系)、「人間の身体が、外部の諸物体から刺激されるあらゆる様式の観念は、人間身体の本性と同時に外部の諸物体の本性をふく(む)」(定理16)、「人間精神は、自分自身の本性とともにきわめて多くの物体の本性を知覚する」(同定理系1)等々、重要な命題が導出される[34]。

このように、人間精神とその認識作用には身体が深く必然的に関わっているため、人間精神が「ものを自然の共通的秩序から知覚するたびに、自分自身や自分の身体あるいは外部の物体について十分な認識をもたず、むしろたんに混乱し、そこなわれた認識のみをもつことになる。」(定理29系)とくに、「われわれの外部にある個物の持続について、きわめて非十全な認識しか持ちえない」ため、われわれにとって、「すべての個物は、偶然的で可滅的であるということになる。」(定理31、同系)[35] すなわち、人間精神が事物を認識する次元では、神の秩序としての必然的決定論的世界とは対照的な、偶然性をくみ込んだ経験世界が対象として指定されている。

たしかに、スピノザは、その経験論的基盤の弱さに気づかぬままデカルトに倣って数学的自然学の構築を意図していたし、ロンドンの王立協会の会員たちの信念であった実験の論理に理解を示すことはできなかった。しかし、ペトリがいうように、「虹」と「チャンス」に関するスピノザの研究は、その経験論的基盤の弱さのゆえに、自然諸科学の発展のなかでは無意味な徒花にとどまった——というようなものであろうか。筆者は、必ずしもそうは思わない。身体と経験を必須の契機として位置づけるスピノザの認識論を見れば、ペトリの視角における偏向と主張における独断をうかがうことができるが、それを突っ込んで見るために、とくに『チャンスの計算』をとりあげて検討する。先に見たペトリの主張は、その根拠の大半を、『虹に関する代数的計算』と光学の実験・理論における発展とに求めているからである。

VI 結 び

　先に見たように,『確率書簡』や『チャンスの計算』におけるスピノザの確率研究は, 基本的にはホイヘンスの「チャンスの価格」によっていた。だからスピノザの確率研究を彼の認識論のなかに位置づけようとするときは, まず, オランダにおける確率研究, とくにそこでホイヘンスのつくり出したチャンスの価格が, どのようなものであったか, またそれは確率と統計の理論の発展史のなかでどのような意義をもっていたか, を明らかにする必要がある。
　統計学の歴史で確率は先験的（数学的）確率と経験的（統計的）確率の二通りの形であらわれる。偶然現象の結果が, 等しい生起可能性をもつ n 通りの場合に論理的（先験的）に分けられ, かつそのなかに注目する事象に関わるものが r 通りあるとき, その事象が生起する確率を r/n とするのが前者であり, 現実の偶然現象の生起を n 回観察したとき, 注目する事象が r 回生起し, かつ回数 n が十分大であってその生起比率が安定している場合, その事象の生起確率を r/n とするのが後者である。そして, 両者は確率の内容的な理解であって, その対立は, 内容を捨象し形式にのみ注目する現代の公理主義確率論によって「統合」される, と見るのが一般的である。そこでは, 確率は, 公理系の形式関係だけで示される無内容なあるもの (something unknown) とされている。[36] なるほど, これによって数学としての確率論は矛盾なく体系化されるが, しかし, そこでの諸定理を現実の偶然現象に適用しようとする利用者にとっては, 確率の内容に関する理解, 解釈が否応ない前提として要請される。その意味で, 確率の理解における上記両者の対立はいぜん未解決の問題である。
　確率の理解と定義に関する両義性について注目し, これをはじめて先験的 (*a priori*) なもの, 経験的 (*a posteriori*) なものとよんで区別したのは, ヤコブ・ベルヌーイのようであるが,[37] 文献にあらわれたものを見ただけでも, 両者の対立はさらに歴史をさかのぼる。
　まず先験的確率であるが, これはサイコロ投げのようなギャンブルにおける勝つチャンスや賭金配分の計算にはじまる。そのために「場合の数」の論理的

な数え上げを行った最初の文献は，おそらく，カルダーノ『サイコロ遊び』であり，さらに順列と組合せの相違を考慮に入れて「場合の数」を数えたのはガリレイの小論『サイコロの得点について』であろう。その延長上に，有名なパスカル＝フェルマーの往復書簡とホイヘンスの著作があらわれ，やがてヤコブ・ベルヌーイの *Ars conjectandi* やラプラスの『確率の解析的理論』において集大成される。それらは，算術・代数や解析の手法を使うことによって先験的に偶然をとらえ計算しようとするものであり，その認識論的基盤において大陸派合理主義と共通するものをもっていた。たとえば，この流れにおける偶然の把握を古典的確率として定式化したラプラスである。

ラプラスによる確率の定義は，「同一のジャンルのすべての事象を，同じ程度に可能ないくつかの場合，すなわち，その存在についてわれわれが決定を下しかねる度合が同じ程度であるいくつかの場合（の数に対する），確率を求めている事象に好都合な場合の数（の比）」というものであった。ここで，「同じ程度に可能」という表現がもたらす循環的定義の危険を避けるため，ラプラスは傍点部分を補完的につけ加えた。しかしこの部分は，のちに「ラプラスの魔」とよばれるようになった巨大な知性の存在を仮定すれば，その目には不確実なものはなに一つなく，未来をすべて過去と同じく明確に見通せるだろうとする決定論的世界観，およびその必然性に対する人間の「無知」においてのみ偶然は存在しうるとする不十分理由に基づく偶然観を前提としなければ理解できない。そしてラプラスは，この合理主義的決定論的世界観を前提的にのべたあと，先の確率の古典的定義を展開しているのである。

一方，経験的確率は，創立直後のロンドン王立協会へ提出されたグラント『死亡表に関する自然的および政治的諸観察』（1662年，以下『諸観察』と略称）における人口現象の分析にはじまる。彼は，教会の洗礼と埋葬に関する資料（死亡表）を数量的に分析して，各死因別死亡率，出生児性比等が年次別にきわめて安定していることを示した。しかし彼は，方法を「商店算術」の類いと卑下してはいても，またより完全な人口調査の必要性を訴えてはいても，その方法がベーコンの精神を継承した王立協会の実験の論理と同質のものである，と信じ込んでいた。統計的方法としての特異性には，ほとんど注意を払っていない。これに対し，その方法の底に横たわる経験的確率の意義を，いわば経験

的な大数法則の形ではじめて把握したのは，年齢別死亡に見られる規則性を数量的にとらえたハレーである，と見てよい。ブレスラウ市の5年間の出生死亡記録から年齢別死亡率を算出したハレーは，そこに見られた異常値に関して，「系列中の他の異常値と同じく，5年間ではなく20年間というように多くの年次をとれば正しい値があらわれてくるようなものであり，むしろ偶然によるものだ，と見てよい」とのべているからである(44)。

経験的確率の数学的な定式化は，その性質上，先験的確率のそれよりもはるかに困難であった。それは，認識論におけるイギリス経験論がヒュームの不可知論によって行き詰まらざるをえなかったことと無関係ではないであろう。だから，その定式化も，今世紀に入り，経験批判論の立場に立つミーゼスによって，頻度的確率という形で形式化された上で行われる(45)。その定式化はさておき，経験的確率の考え方が人口現象における規則性の統計的把握との密接な結びつきにおいて成立し，発展してきたことは明らかである。

以上見てきたような確率論の発展のなかで，オランダのホイヘンスによるチャンスの価格の概念はどのような意義をもっていたのであろうか。

オランダの商人は，1568年の対スペイン独立戦争開始のころすでに，バルト海や北海の貿易を支配していたが，1602年設立の東インド会社は，ポルトガルと争いながらアジア貿易に独占的地位を確立していく。このころから17世紀半ば過ぎまでのオランダは世界の覇権国家であり，アムステルダム等の諸都市は，世界の商業金融の中心地であった。そのころ，アムステルダム取引所では，株式，外国為替，手形だけでなく，終身年金公債をふくむ債券も取引されており，またロッテルダムには最初の海上保険取引所もできた(46)。17世紀の前半は，道徳的な理由から，生命保険や航海の危険に関する賭博保険は禁止されていたが，それは必ずしも守られていなかったようである(47)。

1650年代に議会派を基盤に政治権力をにぎったデ・ウィットは，国内でオラニェ公派の勢力と争いつつ強力な外交をすすめたが，その過程で生じた財政赤字の補塡として，1671年に連邦議会に提案したのが一時払い終身年金の売出しであった。彼は，議員の質問に答える形で意見書『償還年金との対比における終身年金の価額』を議会に提出したが，そこでは，仮定的に推定された年齢階層別死亡率とある利子率とを前提において年金の現在価額が算出されている(48)。

それに基づいて，デ・ウィットは，終身年金国債の方が年賦償還国債よりも財政的に有利であることを示した。しかし，彼は，その翌年，オラニェ公派の暴徒に虐殺されてしまう。このデ・ウィットに終身年金価額の計算で協力していたのが，1672年にアムステルダム市長になるフッデである。彼は終身年金に加入して死亡した約1500人の実際の生命表を作成し，デ・ウィットに示した。

　このようなオランダであるから，政治算術派の著作によって年齢別死亡の規則性が示されると，これに関心を示すようになるのは当然のことであろう。たとえばホイヘンスである。彼は，パスカル＝フェルマーの知己との交信のなかで『運まかせゲームの計算』を完成させたが，そのあとイングランドへの旅行のなかでロンドン王立協会のメンバーを知己とする。光学をはじめ物理学における彼の研究は，王立協会の理念と一致する方向ですすめられたことは明らかである。彼自身，グラント『諸観察』を早い時期に入手したが，そこでの人口現象における規則性の研究にかかわるのは，1669年，パリ滞在中，実弟のローデウェク・ホイヘンスから『諸観察』の資料の利用について質問を受けたときである。[49]彼は，生命表作成のための必須資料として年齢別死亡率を考察した上，そこでの平均余命の概念にチャンスの価格の見地から検討を加えた。

　これらデ・ウィットやホイヘンス兄弟の試みは，サイコロ投げを母胎に発展してきた先験的確率と，人口現象における規則性を母胎に発展してきた経験的確率とを結びつけるブリッジの役割を果たすものとみることができよう。

　スピノザのチャンスの価格研究も，もし，短すぎた天命によって中断されず継続されていたならば，その対象は，人口現象における規則性へと展開されていたにちがいない。ペトリも，スピノザが，確率研究を非道徳的なギャンブルゲームから生命保険やその他倫理的な方向へ向けるべきだと考えていたことを指摘している。[50]スピノザの世界観や認識論からいっても，それは必然的な方向であった，ということができるのではないだろうか。

　注
(1)　スピノザ，工藤喜作・斉藤博訳『エティカ』（下村寅太郎編『世界の名著』30，中央公論社，1980年）108頁，159頁。
(2)　スピノザ，畑中尚志訳『スピノザ往復書簡集』（岩波文庫，1958年）192-

195頁。
(3) 前出『世界の名著』30, 28頁, 519頁。なお本章では, スピノザの小論文のタイトルを原文によりふさわしい『チャンスの計算』とした。また後述するようにスピノザの理論には, ホイヘンスと同じく「確率」の概念がなく,「チャンスの価格」がその基本概念となっている。
(4) 吉田忠『統計学―思想史的接近による序説―』(同文舘出版, 1974年) 第3章。
(5) M. J. Petry, *SPINOZA's Algebraic Calculation of the Rainbow & Calculation of Chances*, Dordrecht, 1985.
(6) ファン・デル・メールおよび彼とデ・ウィットとの関係については, Petry, *ibid*. p.12, pp.110-112 参照。
(7) C. Huygens, *De Ratiociniis in Ludo Aleae* (*1657*), C. Huygens, *Van Rekeningh in Spelen van Geluck* (1660). 前者は J. Bernoulli, *Ars conjectandi* (1713) に, また後者は Société Hollandaise des Sciences, *Oeuvres Complètes de Christiaan Huygens*, Tom 14, Harlem (1920) に見ることができる。邦訳は, 長岡一夫訳「サイコロ遊びにおける計算について」(ALZAHR 学会, *Bibliotheca Mathematica Statisticum* 26号, 「ホイヘンス特集」1981年)がある。なお, 長岡一夫「ホイヘンスの確率論について」(『科学史研究』142号, 1982年) 参照。
(8) G. Cardano, *Liber de Ludo Aleae* (1663). この英訳は, Ore, *The Gambling Scholar*, New Jersey, 1953, に見ることができる。
(9) 以下, スピノザの論文『チャンスの計算』の刊行と埋没, およびその再発見については, ペトリによる。Petry, *ibid*. pp.95 ff.
(10) *ibid*. pp.104 ff.
(11) 前出『スピノザ往復書簡集』193頁。なお, 以下の引用をふくめ, 英訳 *The correspondence of Spinoza*, Translated by A. Wolf, New York, 1966, 独訳 "Baruch de Spinoza Briefwechsel, Übersetzung von C. Gebhardt", in *Sämtliche Werke in sieben Bänden*, Bd.6, Hamburg, 1977 を参照しながら若干の修正を訳文に加えた。
(12) 同上, 195頁。
(13) 同上, 193頁。なお以下の場合もふくめ, 引用中の丸かっこは引用者による付加である。
(14) 前出ホイヘンス, 長岡訳「サイコロ遊びにおける計算について」5頁。なお, ペトリの著書のなかの英訳 (Petry, *ibid*. p.17) をもとに, 訳文を若干修正した。
(15) 前出『スピノザ往復書簡集』193頁。
(16) 同上, 194頁。
(17) 1687年刊行の『チャンスの計算』には, このホイヘンスの5つの問題すべてが冒頭に並べられているが, それは編者による付加である。Petry, *ibid*. pp.118-119.

付論　スピノザ『チャンスの計算』について　195

⒅　このホイヘンスの5つの問題に対しては，ヤコブ・ベルヌーイのほか，モンモールがその著書『偶然ゲームに関する解析的試み』において解法を与えた，という（トドハンター，安藤洋美訳『確率論史』現代数学社，1975年，102頁）。その第1問に対するスピノザの解法を紹介しながら，より一般的な方法でそれに解を与えたものに，J. Dutka, Spinoza and the theory of probability, *SCRIPTA MATHEMATICA*, Vol.19, No.1, 1953 がある。

⒆　以下，問題とスピノザの解法は，ペトリによる英訳 *Calculation of Chances* (Petry, *ibid.* pp.73-87.) による。

⒇　デカルト，落合太郎訳『方法序説』(岩波文庫，1953年) 25頁。

(21)　前出，ホイヘンス，長岡訳「サイコロ遊びにおける計算について」42-43頁。

(22)　同上，41頁。

(23)　同上，42頁。

(24)　同上，41頁。

(25)　同上，42頁。

(26)　Petry, *ibid.* p.138.

(27)　*ibid.* p.141.

(28)　*ibid.* p.139.

(29)　*ibid.* pp.146 ff.

(30)　前出『スピノザ往復書簡集』26-41頁，54-60頁，68-77頁，83-86頁。なお，この「論争」の紹介と評価については，工藤喜作『スピノザ哲学研究』(東海大出版会，1972年) 参照。

(31)　前出『エティカ』106-110頁。

(32)　同上，112頁。

(33)　同上，131頁。

(34)　同上，138-139頁，147頁。

(35)　同上，158-159頁。

(36)　公理主義確率論の理解とその批判については，吉田忠「マルコフ連鎖の社会統計への擬制と公理主義確率論」(『統計学』15号，1965年)，および注(45)参照。

(37)　L. Krüger, et. al., *The Probabilistic Revolution*, Vol.1, Massachusetts, 1987, p.241.

(38)　注(8)および，Galilei, G., Sopra le Scoperte dei Dadi (1613-23.?) 参照。なお，このガリレイの小論は，デイヴィッド，安藤洋美訳『確率論の歴史』(海鳴社，1975年) 第7章でそのあらましが紹介されている。

(39)　パスカル＝フェルマーの往復書簡については本書第3章参照。またラプラスの確率論については，ラプラス，樋口順四郎訳「確率についての哲学的試論」(湯川秀樹他編『世界の名著』65，中央公論社，1973年)，ラプラス，伊藤清他訳『ラプラス確率論―確率の解析的理論―』(共立出版，1986年) 等参照。

(40) 前出吉田『統計学』60-61頁, 107-118頁。
(41) 前出ラプラス, 樋口順四郎訳「確率についての哲学的試論」166頁。傍点は引用者。
(42) 同上, 164-165頁。
(43) グラント, 久留間鮫造訳『死亡表に関する自然的および政治的諸観察』(復刻版, 第一出版, 1968年)。
(44) E, Halley, *Two Papers on the Degrees of Mortality of Mankind*, reprint, Baltimore, 1942 (Originally, *Philosophical Transaction* Vol. 17, 1693) p.5.
(45) R. von Mises, *Wahrscheinlichkeitsrechnung, Statistik und Wahrheit*, Wien, 1928. 1933年にはじめて公理主義確率論を確立したコルモゴロフが, その公理系を「現実に経験される世界の事象」に適用するに際しては, ミーゼスのこの著作を参照せよ, とのべている点は重要である。コルモゴロフ, 根本伸司訳『確率論の基礎概念』(第二版, 東京図書, 1975年) 4頁。なお, 是永純弘「確率論の基礎概念について―R. v. Mises の確率観―」(『統計学』8号, 1960年) 参照。
(46) ブラウン, 水島一也訳『生命保険史』(明治生命100周年記念刊行会, 1983年) 97頁。
(47) Petry, *ibid*. pp.109-110.
(48) 以下, デ・ウィットとフッデによる終身年金の現在価額の算出については, 本書第4章参照。
(49) 本書第1章II参照。
(50) Petry, *ibid*. p.137.

あとがき

　私は今から40年ほど前，若気の至りからたいへん壮大なテーマないしタイトルをもった統計学史の概説書を書いた。それは，同文舘出版から出した『統計学―思想史的接近による序説―』であり，若気の至りと述べたのは，その副題「思想史的接近による序説」に関するものである。この著作での私の論旨は次のようなものであった。イギリス政治算術はベーコン，ホッブス，ロックらのイギリス経験論哲学を背景としており，またフランス確率論はデカルト，スピノザ，ライプニッツらの大陸派合理主義を背景にもっている。そしてケトレーによるその「統合」は，結局，大陸派合理主義を基盤とするものであった。本来の「統合」はイギリス経験論と大陸派合理主義を止揚したものを基盤とすべきであったのに……。「思想史的接近」の近代編をまとめるとこのようになる。
　この「大言壮語」に対しては，当然，多くの批判が寄せられた。そしてその多くは聞くべき忠言であった。私は，改めてより実証的にそしてより説得的に，私の主張を展開し直すべきである，と考えたのであるが，なかなかそのための時間を見出せなかった。1986年，京都大学の農学部から教養部に転任して，やっとその時間を手にすることが出来たが，遅々たる歩み，ようやく論文にまとめ始めたのは，京都大学を定年退職し，大阪工大を経て京都橘女子大に移ってからであった。
　そこでは，対象をオランダにおける確率論と統計学の展開に絞り，その展開の基盤を，認識論を下地にしつつも，むしろオランダの国家や社会の形成・展開におけるその独自性に求めている。オランダで発展した確率論と統計学の特質とその背景の理解，把握において，本書がなにがしかの価値を持つ事を願っている。

*

　こうして「若気の至りの著作」の「改訂」を行う事ができたのであるが，それには経済統計学会での先師・先輩，同輩や若い友人を始めとして，多くの方々のご指導，ご協力によるところが大きい。ここで，本書の執筆でお世話に

なった方々にこころからのお礼を申し上げたい。そして私は特に，1999年に幽明境を異にされた是永純弘先生に，本書の刊行を引き受けてくださった八朔社の片倉和夫さんと共に本書をささげたい。思い起こせば，当時法政大学経済学部に勤務しておられた是永先生が招かれてオーストラリアに出張された1969, 70年の両年度の間，私は先生の統計学演習（専門課程）を兼任担当したが，片倉さんはその時の受講生の一人であった。その後，片倉さんは，是永先生の北海道大学転任を機に福島大学経済学部の専門課程に編入学されたが，3月のある日，福島に向かう片倉さんと偶然に飯田橋の駅で逢い，見送る事になった。忘れられない思い出である。そして，両者連名で本書を是永先生に捧げる所以でもある。

  2013年10月30日

吉 田 　 忠

著者略歴

吉　田　　忠（よしだ　ただし）

1934年3月　茨城県に生まれる。
1957年3月　京都大学農学部農林経済学科卒業
1962年9月　京都大学大学院農学研究科退学
1962年10月－1967年3月　滋賀県立短期大学農業経済科（助手，専任講師）
1967年4月－1973年3月　中央大学商学部（助教授，教授）
1973年4月－1986年3月　京都大学農学部（助教授）
1986年4月－1992年9月　京都大学教養部（助教授，教授）
1991年4月－1992年3月　文部省統計数理研究所（教授併任）
1992年10月－1997年3月　京都大学総合人間学部（教授，なお総合人間学部は教養部を改組した新学部）
1997年4月－2001年3月　大阪工業大学情報科学部（教授）
2001年4月－2006年3月　京都橘女子大学文化政策学部（教授，なお2005年4月共学化により京都橘大学文化政策学部と改称）
現　　在　京都大学名誉教授
　　　　　農 学 博 士（北海道大学）
　　　　　経済学博士（北海道大学）

［主要業績（統計学，確率論関係）］
著　　書　『経済と経営における統計的方法の基礎』(1970年，日本評論社)
　　　　　『統計学―思想史的接近による序説―』(1974年，同文舘出版)
　　　　　『数理統計の方法―批判的検討―』(1981年，農林統計協会)
　　　　　『農業統計の作成と利用―数字で見通す農業のゆくえ―』(1987年，農山漁村文化協会)
編 著 書　『現代統計学を学ぶ人のために』(1995年，世界思想社)
共編著書　吉田忠・石原健一編著『統計にみる日本経済』(1998年，世界思想社)
　　　　　吉田忠・広岡博之・上藤一郎編著『生活空間の統計指標分析―人口・環境・食料―』(2002年，産業統計研究社)
共監訳書　アンソニー・スティール著，吉田忠・矢部浩祥監訳『ベイズ監査入門』(1997年，ナカニシヤ出版)

近代オランダの確率論と統計学

2014年4月10日　第1刷発行

著　者　吉　田　　　忠
発行者　片　倉　和　夫
発行所　株式会社　八　朔　社
　　　　　　　　　　はっ　さく　しゃ
東京都新宿区神楽坂2-19　銀鈴会館
振替口座・東京00120-0-111135番
Tel 03-3235-1553　Fax 03-3235-5910

ⓒ吉田忠, 2014　　　　組版・アベル社／印刷製本・シナノ
ISBN978-4-86014-069-4